ariko的食帖

［日］有子 著　　王婷婷 译

南海出版公司
2018 · 海口

引言

以前我一直只是在 Instagram 上看别人的文章，而我自己的第一篇文章发表在 2 年前。因为我本身就是吃货一枚，想着将自己每天吃的食物都记录下来，所以才开始上传各种自己做的料理或是在外吃到的料理。没想到逐渐有人在我的料理文章下面点赞、发表评论。这给了我很大的鼓励，于是我便一发不可收拾，每天更加兴致勃勃地在厨房烹制各种料理，文章也变得更加有趣。

我家共有三口人，除我之外，还有丈夫和 20 岁的儿子。也许是成员中男性居多，所以我做的料理中也是肉类的偏多，而且量很大，甚至有人问我“这究竟是多少个人的量啊？”

对我来说，家人围坐在餐桌上，谈论着当天发生的事情，是最幸福的时刻了。我从小就很喜欢母亲做的料理，也很喜欢在外就餐，对料理有着超出常人的兴趣。我的母亲很擅长做饭，我也常常和她一起在厨房忙活，而且大学期间就开始到喜欢的料理教室学习烹饪，我的手艺也是这么磨练出来的。不过由于职业的关系，很难每天都自己烹制晚餐，在外吃饭的情况很多。希望这本充满自家做法、饱含得意之作的食谱能对您有所借鉴。

ariko

ariko 的烹饪笔记

制作料理时最重要的一点，就是要形成自己的风格。
还有就是要依据家人的喜好进行各种尝试。

1 不怕麻烦，普通的料理也可以做得更加美味

比如，从超市买来的冷面，将其煮熟后拌上香油。或者在制作沙拉前，将叶类蔬菜浸入水中泡一泡，沥干水后再用厨房用纸包好放入冰箱中冷藏一会儿。只要不怕麻烦，多花些功夫，料理的美味便可倍增。

2 常备香味蔬菜，提味又提色

在料理的最上面放些香味蔬菜，不仅可以提味，还可以提升卖相。青葱、绿紫苏、蘘荷、生姜、香芹、薄荷等，建议冰箱中常备一些日本或是其他国家产的香味蔬菜和香草，使用起来会非常方便。

3 速食品和袋装食材可以作为料理的基础

可以充分利用各种速食品和袋装食材，但不是直接食用，而是作为料理的基础使用。比如，拉面可以与汤和各种蔬菜一起煮；咖喱可以用鲣鱼汤*稀释后做成咖喱乌冬面……充分利用各种速食品和袋装食材可以节省时间，十分方便。

*鲣鱼汤：一种用鲣鱼、海带、小杂鱼干、香菇干等煮成的汤。

4 在外面吃到喜欢的料理后，也可以尝试着在家自己烹制

在外面吃到美味的料理后，也想在家自己尝试着烹制。虽然不能向厨师询问具体做法，但是可以通过观察食材的组合方式、细细品味用了哪些调味料，大体推测出一道菜是怎样做出来的。再结合家人的口味，烹制出独一无二的自家风味的类似料理。

5 菜谱仅作为参考，本书中所述的各种料理的分量基本为3人份还多一些

我制作料理，喜欢准备充足的分量，所以不知不觉就会做多了。明明是三口之家，但是做出的料理看起来像是4人份的。此外，对我来说，市面上售卖的调味料都有些咸，所以制作时会多放一些水，再用适量鲣鱼汤来调节浓度和味道。

6 通过类似于过家家的小举动，使料理变得有趣起来

通过一些类似孩提时代过家家的小举动，比如将番茄整个浸入腌汁中、焖饭时将玉米棒也一同放入锅中等，不仅可以提升料理的卖相，还可以使料理变得有趣起来。

7 我家的餐桌摆得满满的，餐具中的食物也盛装得满满的

装盘的时候，怎么也做不到像西餐厅那样完美的留出空白。我也一直知道自己不擅长于摆盘，索性就将盘子盛得满满的，不过这倒也成就了我的风格。

Contents

CHAPTER 1 SPRING SUMMER 2014

CHAPTER 2 AUTUMN WINTER 2014

CHAPTER 3 WINTER SPRING 2015

CHAPTER 4 SPRING SUMMER 2015

CHAPTER 1
Spring Summer 2014

为了能让家人从餐桌上感受到四季的变化，我会在料理中加入一些时令食材。东京的夏天一年热过一年，这时我们更希望家人有个好胃口，可以多吃一些，健康地度过夏天。因此，除了分量感十足的肉类料理之外，还应准备清热消暑、清凉爽口的凉菜。

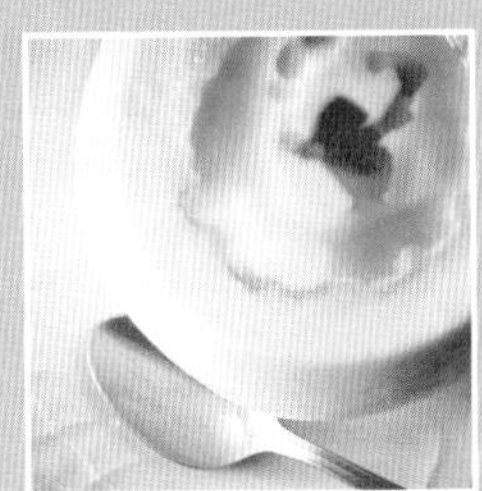

终极简易盖饭

火腿鸡蛋饭

一忙起来，就没有时间好好做饭，这时不妨来一道火腿鸡蛋饭。这道料理做法十分简单，只需将煎荷包蛋和火腿摆在米饭上即可。整道料理的关键在于用筷子将煎蛋挑破时，蛋黄汩汩地流出。

取一口小煎锅，淋入少许油，打入鸡蛋，盖上锅盖，中火煎至蛋黄鼓起即可取出备用。然后将火腿也下入煎锅中，煎至两面稍稍变色。米饭盛入碗中，将煎好的火腿和煎蛋一起摆在米饭上。撒些胡椒盐和葱花，这道简单美味的火腿鸡蛋饭便做好了。食用时淋入辣椒油和酱油，堪称人间美味。

香酥多汁

油淋鸡

我年轻时曾学过做中餐，那时学到的烹饪技法至今仍是十分宝贵的财富。其中有一道油淋鸡，将鸡肉炸得鲜香酥脆，再淋上酸甜口的酱汁，美味十足，家人也十分爱吃这道料理。

鸡腿2个洗净去骨平整展开。用蒜泥（擦碎）、清酒、酱油腌制片刻，裹上淀粉下入油锅炸至酥脆。大葱1根、生姜1小段（约为大拇指第一关节大小）、蒜1瓣剁碎，与酱油4大匙、醋4大匙、砂糖3大匙、豆瓣酱2小匙混合到一起调制酱汁。球生菜切碎铺于盘中，将炸好的鸡肉块切为适于食用的大小摆在盘中，浇上酱汁，这道香酥美味的油淋鸡便做好了。

油淋鸡十分下饭，如果是三口之家，2个鸡腿就够了。也可随个人喜好做成辣口。

疲惫之时的解乏佳肴

甜醋番茄

身体疲乏时，会特别想吃酸的东西。每当此时，我便会制作这道“甜醋番茄”。我很喜欢吃番茄，在切开的番茄上淋上甜醋，简直是开胃佳品。以前常用的是一种叫作“番茄提味汁”的市售甜醋，但有一段时间不知怎么回事怎么也买不到了。于是我便开始自己调制甜醋。

醋3～4大匙倒入容器中，接着倒入砂糖或者龙舌兰糖浆3大匙，淋入约2小匙调味酱油（一种加了鲣鱼汤的酱油），最后再将生姜（1小段）切细丝放入其中，甜醋便调好了。番茄切大块摆入盘中，淋入调好的甜醋，这道开胃解乏的甜醋番茄便做好了。搭配甜醋，普普通通的番茄就做成了美味的料理。

烹饪笔记

建议选用果肉紧实、隐约透着绿色种子的番茄，这样的番茄口味更浓郁，用其拌制的甜醋番茄也会更加美味。

清淡味美

番茄鸡蛋汤

除了做沙拉和意大利餐，我在烹制中餐及日餐的时候，也会大量使用番茄。比如，在烹制中餐的时候，就常会出现番茄鸡蛋汤的身影。

锅中烧热水（4杯），倒入味精或鸡精1大匙、盐1小匙、砂糖1/2小匙略微调一下味。中等大小的番茄2个放入开水中焯烫一下，去皮去籽后切成适宜食用大小的块，倒入锅中，煮沸后，倒入水淀粉勾芡。鸡蛋1～2个打入碗中搅散，然后淋入锅中，最后再滴入几滴香油，这道美味的番茄鸡蛋汤便做好了。

此汤口感清淡，还不会影响其他菜肴的味道，所以是餐桌上的常客。告诉各位一个窍门，烹制中餐时适当加些砂糖，可增加料理的口感，起到提味的作用。

淡淡芝麻香

中华冷面

进入夏季，中华冷面在午餐餐桌上出现的频率也越来越高。五一过后，每到周末，只要是晴天我就会烹制这道“中华冷面”。

我家在烹制冷面的时候，还会多进行一道工序，那就是待冷面煮好沥净水后，将其倒入碗中，淋上几滴香油、撒入少许盐抓匀。如此一来，不仅可以防止冷面坨到一起，还可以使冷面更加筋道。如果冷面本身足够美味，便无须其他配料了。冷面最常搭配的是水煮鸡胸肉和黄瓜丝。如果没有鸡胸肉，只配黄瓜丝也是可以的。不过，黄瓜丝的量一定要多。差不多1人份需要用到1根黄瓜。此外，红生姜是必不可少的配料，可以起到画龙点睛的效果。

香醇浓稠

鸡肉咖喱饭

提到咖喱，大多数人做的都是香辣味的咖喱，而我家并不一样，我家人更喜欢偏甜口的咖喱，特点是要放入大量洋葱。如果是1袋咖喱，需要准备鸡腿3个、洋葱3个。

洋葱切薄片，小火翻炒30～40分钟，炒出甜味，注意不要炒煳。然后放入蒜末（擦碎）和姜末（擦碎）继续翻炒。待炒出香味后，倒入胡萝卜块（2～3根，切成适宜食用的大小）稍稍翻炒几下，注入清水，放入清汤块，开始炖制。另取一煎锅，将鸡腿去骨取肉煎至变色，然后下入炖洋葱的锅中，待鸡腿煮软后，下入咖喱，将所有食材搅拌均匀，这道香醇味美的鸡肉咖喱饭便做好了。

如果有杧果酸辣酱就更好了，放一些到锅中，可以使整道料理的口感更加丰富。咖喱是整道料理的关键所在，我最喜欢用的是“cosmo直火烧”咖喱的中辣口味。

烹饪笔记

在食用这道鸡肉咖喱饭的时候，除了通常需要搭配的作料之外，还必须搭配另外两种小菜：一个是煮鸡蛋，另一个是拌豆芽。拌豆芽的做法如下：将豆芽焯熟，和生姜丝、白葡萄酒醋、盐、胡椒粉、橄榄油混合到一起拌匀即可。

搭配土豆沙拉

姜汁烧肉盖饭

忙于工作没有时间做饭的时候，我常会将一直分开食用的料理搭配到一起食用。比如这道料理就是将土豆沙拉和姜汁烧肉盖饭放在了同一个碗中。

提前调好料汁备用，酱油2大匙、清酒和料酒各1大匙、砂糖2小匙混合到一起调匀，然后放入生姜末（1小段，擦碎）、蒜末（1/2瓣，擦碎）搅匀，料汁便调好了。在猪肉（240g，烧肉用）表面拍一层淀粉，下入炒锅中炒至变色，然后倒入洋葱丝（1/2个）和青椒丝（2个）翻炒片刻。将调好的料汁淋入锅中，调出颜色，姜汁烧肉便做好了。米饭盛入碗中，上面铺上圆白菜丝，再盛入姜汁烧肉，最后摆上土豆沙拉，这道美味十足的肉类料理（2人份）便大功告成了。

姜汁烧肉盖饭很受男士欢迎，不妨将其纳入“一碗搞定午餐之盖饭系列”。

大忺朵颐

小酒馆风系列料理

我家的晚餐习惯采用小酒馆风格的菜单，餐桌上摆满了各种日式料理。

有盐煎鸡腿肉：其要点是提前用盐将鸡腿肉腌制1小时入味，而且煎制时须用力按压鸡肉将肉皮煎得酥脆。煎好后挤上几滴柠檬汁，撒些柚子胡椒即可。

还有姜拌扁豆：将扁豆1包煮软，和生姜末（擦碎）、调味酱油2小匙、香油1小匙混合搅拌均匀即可。

油炒藕片也常备：偏辣口，上面多撒些芝麻。

除此之外，还有仅用香油调味的鲷鱼刺身（做法参照p58）和海蕴醋拌番茄。

我喜欢将餐桌上摆满各种料理，这大概是继承自擅长做料理的母亲吧。

芥末味十足

热狗

热狗是我家午餐以及儿子便当中的常客。我做的热狗有一个特点，那就是会在其中放入现做的炒圆白菜。

圆白菜切细丝，撒上胡椒盐和酒醋拌匀，倒入热油锅中炒熟即可。在面包切口处涂抹一些黄油，放入小型多功能烤面包机中烘烤片刻，先在面包上抹一些芥末，然后夹入炒圆白菜和烤肠，最后挤上番茄酱和芥末，这样芥末味十足的热狗便做好了。

香肠一定要使用“SCHAU ESSEN”香肠，这个牌子的香肠肉质紧实弹牙，十分美味。如果用于制作便当，建议使用可以夹2根香肠的热狗用面包坯。此外，芥末推荐“Colman's”芥末，辛辣味浓郁。

配料丰富

鱼干拌饭

每到中元节，我家都会收到许多竹筴鱼干。除了直接炒制食用外，我还会用其烹制拌饭。

准备刚蒸好的米饭4碗；竹筴鱼干2条炒熟后去骨去皮并撕开；梅干2个撕开；芝麻适量；绿紫苏、鸭儿芹、蘘荷、青葱等蔬菜剁碎。将上述所有食材混合到一起搅拌均匀，这道美味十足的鱼干拌饭就做好了。梅干的酸味可以使拌饭的口感更丰富、更清爽。再配上芝麻豆腐和汤，就是一桌非常丰盛的晚餐。还可在撕开的鱼干上洒些醋，口感更佳。

由于鱼干无须提前做任何处理，在没有过多时间烹制料理的时候，使用起来很方便。除了竹筴鱼干之外，其他鱼干也可以很简单地烹制出各式美味：风干一晚的墨鱼，可以和姜、洋葱一起炒熟，便是一道中式风味的料理；红眼金鲷鱼干，放到烤箱中烤制后搭配香草，再淋上少许橄榄油，便是一道略显奢华的意式料理。

蔬菜满满

丰盛的和式料理

烹调时放入时令蔬菜，就能让家人从中感受到四季的变化。

炸玉米毛豆粒便是一道夏日感十足的料理。将玉米粒和煮熟的毛豆粒、剁碎的小虾混合拌匀，撒上适量天妇罗粉搅匀，再淋入适量水溶天妇罗粉搅匀。用小匙舀出小丸子下入油锅中炸至酥脆。

搭配清爽美味的章鱼拌芹菜：将柠檬汁、柚子胡椒、盐、橄榄油混合拌匀制成料汁；章鱼和芹菜切适当大小盛入盘中，淋入料汁拌匀即可。

有了各种蔬菜，肉类当然也不能少，那就再来一道土豆炖牛肉吧。选用质量上乘的牛肉或牛肉片。在面汁*中加入酱油、砂糖调匀，放入洋葱，待洋葱煮软后下入牛肉、土豆、胡萝卜和魔芋丝，再倒入鲣鱼汤，炖至锅中汤汁变黏稠即可。装盘后摆上几个豌豆荚，点缀出绿色。

烹饪笔记

烹制章鱼拌芹菜时，往柠檬汁和柚子胡椒中放入的盐，应使用口感好、味道好的食盐。推荐本书 p37 中介绍的由天然食材制作而成的自制食盐。

*面汁：一种以鲣鱼汤、酱油、料酒或者日本酒、砂糖为基础调制而成的料汁，常用于烹制荞麦面、乌冬面等面食料理。

啤酒的伴侣

销魂吮指炸鸡

炎热夏日，不妨尝试一道辛辣的印度风味料理。鸡腿肉2个切成适于食用的大小，撒上胡椒盐腌制一段时间。密封袋中倒入酸奶4～5大匙、咖喱粉1大匙、印度产辣味调料garam masala半匙、番茄酱1大匙、橄榄油2小匙、姜末（1段，擦碎）、蒜末（1瓣，擦碎），混合均匀。然后将鸡腿肉倒入密封袋中腌2小时以上。平底锅烧热放橄榄油，将吸收了足量腌汁的鸡腿肉下入锅中煎制，直至鸡肉变色。盛出摆于盘中，旁边配上用甜醋腌制的紫洋葱。

如果再搭配一份Raita就更加完美了。Raita的做法如下：将酸牛奶4～5大匙、柠檬汁（1/2个柠檬的量）、蒜末少许（擦碎）、紫洋葱碎、胡椒粉、盐混合到一起拌匀调制料汁。黄瓜和番茄切块，与料汁拌匀即可。

烹饪笔记

Raita是一种印度风味的酸奶沙拉。沙拉中用了清新爽口的黄瓜与番茄，消暑又开胃，恨不得抱起碗一口气全部吃光。

提前多做一些，用起来很方便

葱煮猪肉

将猪里脊肉、猪腿肉、香味蔬菜一起煮熟后，可以用于烹制各式料理，十分方便。我经常一次就煮出3倍的量，然后将多出的部分贮藏在冰箱中随时取用。

猪肉倒入大锅中，注入清水没过猪肉。放入葱叶（3棵的量）、姜（2片）、蒜（2瓣），开火煮40分钟。其间记得要经常撇净浮沫。然后淋入酱油和绍兴酒各1杯，继续煮20分钟左右，其间须多次翻动肉。关火让其自然冷却。将肉捞出，重新开火将煮汁煮至浓稠，可作为调味汁使用。

先推荐给大家最简单的食用方法：将猪肉切薄片，和葱白丝搭配，卷在莴苣叶中食用。建议搭配着水溶芥末和泡菜一起食用，味道更佳。

使用葱煮猪肉烹制的料理 尝试一下吧！

猪肉炒饭

做出了葱煮猪肉后，接下来一定要做的就是这道猪肉炒饭了。

锅中加入色拉油2大匙加热，打入鸡蛋2个，炒散后倒入热腾腾的米饭2碗，撒入少量胡椒盐、鸡精，再淋入少量葱煮猪肉的煮汁，将所有食材翻炒均匀，接着将剁碎的葱煮猪肉和大葱倒入锅中，继续翻炒片刻后即可出锅。鸡蛋吸收了足量的油脂后再下入米饭，可以将米饭炒得更散、粒粒晶莹。

除此之外，葱煮猪肉还有许多种吃法。比如可以和葱白丝（亦可放些黄瓜）、少许盐、酱油一起拌制后食用；可以代替火腿和煎蛋一起食用；还可以盛在米饭上做成猪肉盖饭食用，都很美味。葱煮猪肉可在冰箱中放置4～5天，使用起来十分方便。

搭配炸茄子

印度肉末咖喱饭

此料理做法简单，无须长时间熬煮，没有时间慢慢烹制料理时或是想要偷懒时，就做这道料理吧。

将洋葱2个、香芹1棵、蒜适量、生姜适量剁碎，倒入热油锅中翻炒片刻，下入猪肉馅400g，继续翻炒一会儿。放入咖喱粉3～4大匙、印度产辣味调料garam masala（如果有的话）1大匙、胡椒盐、清汤颗粒*、去皮整番茄罐头1罐，搅拌均匀，炖15分钟。然后倒入番茄酱、伍斯特辣酱油、砂糖少许调味即可出锅。出锅前也可放些青椒块。

装盘时，除了米饭，旁边再配上炸茄子、醋渍豆芽和溏心蛋。食用时将所有食物搅拌到一起，味道非常棒。图片中的黄瓜沙拉由蒜末、醋、胡椒盐、色拉油、黄瓜片拌制而成，与咖喱非常搭。

*清汤颗粒：类似于鸡精的一种调味料。

放入了香菜的

冬阴功面

冬阴功口味的杯面，酸辣味十足，与正宗的冬阴功料理的味道十分接近，刚上市时，多家店铺相继断货，由此可见其受欢迎的程度。所以，当我找到一家售卖此面的便利店时，真的内心激动了好一会儿。

我本人十分喜欢香菜，还专门在Instagram上开设了“香菜狂热爱好者”这个话题，也经常在烹制各种料理时放香菜，所以也想尝试看看将香菜放入这款杯面中会产生什么样的化学反应，没想到味道非常好。如果再配上柠檬的话，就更有特色了。独自一人吃饭时，尤其喜欢这种吃法，每次吃完后都很满足。

将香菜储存于冰箱中，可以随时取用，十分方便。除了这种吃法之外，还可将香菜搭配咖喱与油炸食品，或是拌入沙拉中食用。香菜尤其适宜夏季食用，口感清爽、别具风味。

烹饪笔记

即使是普通的泡面，只要稍稍花些心思，便可自成一种独特风味。在这里告诉大家一个我的私家窍门，那就是可以往咸味拉面中放些梅干，味道甚佳。

全家人都很喜爱的料理

猪肉大葱芝麻酱拌面

每逢周末，家人围在一起吃饭时，总会选择这道猪肉大葱芝麻酱拌面。

猪肋条肉切薄片，下入热油锅中翻炒片刻，然后下入葱丝（大葱，斜切）、金针菇继续翻炒一段时间，倒入鲣鱼汤煮至锅沸腾，放入浓缩型面汤和盐调味，最后倒入芝麻酱，将所有食材搅拌均匀，便可出锅。分盘盛好后撒上芝麻碎（研碎的熟芝麻），蘸汁便做好了。将稻庭乌冬凉面倒入热腾腾的蘸汁中，十分美味，百吃不厌。

此料理的固定搭配为图片右端的姜拌黄瓜。做法十分简单，将黄瓜块、姜丝、盐、调味酱油、白芝麻油混合到一起拌匀即可。清爽的姜味与脆生的口感完美结合到一起，十分富有层次感，非常美味。

酸爽味美

海蕴酸面

准备醋拌凉菜时，通常会用市售的海蕴醋拌上番茄食用。有一次我突发奇想，想着如果将海蕴醋拌番茄和细面搭配到一起食用应该也很美味吧，于是便有了这道番茄海蕴酸面。

煮好的面条盛入容器中，用凉的鲣鱼汤将面汁稀释到自己喜欢的浓度，淋在面条上，接着倒入海蕴醋，再放入番茄、小葱和蘘荷，这道酸爽味美的海蕴酸面便做好了。也可以直接使用拌好的海蕴醋拌番茄，此时，只需将面汤调得稍微浓稠一些即可。面汤中加入了番茄的甜味与酸味，格外清爽味美。以至于如今普通的面汤已经无法满足我了。如果你也觉得只吃普通的面不过瘾的话，不如尝试一下这道料理，不仅卖相极佳，而且味道也超棒。

与葡萄酒很搭的
竹筴鱼鞑靼吐司

每当看到超市有打折的醋泡竹筴鱼在售卖时，我都会买一些回来，用来烹制这道竹筴鱼鞑靼吐司。此料理与白葡萄酒是绝配。

超市放在寿司托盘中售卖的醋泡竹筴鱼是经过事先处理过的半成品，只需稍稍调味即可食用，非常方便。醋泡竹筴鱼刺身（2条鱼的量）剁碎（不要剁成泥），倒入碗中；胡葱（或者洋葱）剁碎，取1大匙浸入清水中泡一泡，沥净水后倒入碗中；接着再往碗中倒入香芹碎1大匙，酱油和橄榄油各2小匙，生姜汁、颗粒芥末酱和柠檬汁各1小匙，蒜泥和胡椒盐各少许，将所有食材搅拌均匀，馅料便调好了。将拌好的馅料码在法式蒜末吐司上，再撒上少许葱花，便可大口吞下。除了竹筴鱼，还可使用鲷鱼或是牙鲆鱼等白身鱼和虾夷盘扇贝混合制成的馅料，同样清爽味美。

烹饪笔记

蒜末吐司的做法如下：法式长面包切成适当厚度的片，橄榄油中放入少量蒜泥搅匀，均匀涂在面包片的表面，然后将其放入烤箱中烤至变色。

清新爽口

无酒精莫吉托

我去纽约出差时，特地小心翼翼地带回来了梅森杯。为了充分利用它，便有了这个莫吉托风味的柠檬苏打水饮品。

往柠檬汁中倒入容易化开的龙舌兰糖浆（也可用胶糖蜜）来增加甜味，再倒入毕雷（Perrier）矿泉水，最后放入冰块和多多的薄荷叶，这款酸爽的饮品便调好了。喝上一口，仿佛有一股凉风拂过，身心都舒爽了许多。

有了梅森杯，也可以很方便地将这个饮品带到户外分享给大家。只需提前将甜味柠檬汁倒入瓶中，薄荷放入密封袋中。想要饮用时，取出冰块和苏打水倒入瓶中便可。在炎热的夏日，能喝到如此清凉酸爽的饮品，大家都交口称赞。

搭配酸奶食用

葡萄柚果冻

每逢中元节，我都会从东京市中心的SUN FRUITS买来葡萄柚果冻送人。他家的果冻共有葡萄柚、甜橙、柠檬三种口味，其中我最喜欢的是葡萄柚口味的。由于没有使用明胶，所以果冻非常软嫩，而且还很新鲜，口感甚至超出了新鲜的水果。在中元节采购结束后回家的途中，顺便多买一些留着自己用，这已成为每年的一种惯例与乐趣。直接食用已是十分美味，但我一般还会搭配无糖酸奶和枫糖浆。如此，口感会更加温和，适于当作早餐或是零食。酸奶推荐小岩井乳业的“100%生乳酸牛奶”，口感非常温和。

ariko随笔

除了每年中元、岁末的时节赠礼，每当发现什么美味的食物，也会想着分给哪位吃货朋友。比如，去胜沼采摘葡萄后，会将自己亲手摘下的日本香印青提子送给经常互赠美味食物的那些吃货朋友们；买到了对身体很好且不含咖啡因的“SANUKI MULBERRY TEA”，会送给正在休产假的同事；外出拍摄时在当地发现已在网上断货的“HAPPY NUTS DAY”的花生酱，也会多买一些，带给长时间不见的妈妈和朋友们。如果觉得某样东西“好好吃啊”，总是不满足于仅仅自己享受，会想分享给大家。我最尊敬的向田邦子老师就在自己的随笔中写道：收到别人寄给我的好吃的，就想着要分给谁尝一尝，而这才是食物的美味所在。也许我也是想品味和大家分享美味时的愉悦之感，所以才不断寻找各种珍馐美味的吧。

美味下饭菜

麻婆粉丝

这道麻婆粉丝是我儿子非常喜欢的一道料理，味稍辣，十分下饭。

炒锅烧热放橄榄油，倒入蒜末、生姜末和豆瓣酱1～2小匙爆香，然后倒入猪肉馅200g翻炒，将肉馅炒散，待炒熟后注入汤汁（用水将浓汤宝化开后的汤汁）2杯。粉丝用热水泡开，剪成适宜的长短，取100g倒入锅中。接着放入绍兴酒2大匙、酱油1大匙、砂糖1小匙、盐少许调味，出锅前放入一小撮葱花，淋入一圈芝麻油，将所有食材搅拌均匀即可出锅。

我家人都不太能吃辣，所以做出来的成品也不是很辣。喜欢吃辣的朋友可以依据个人喜好适当增加豆瓣酱的用量。

煮后拌制即可

香拌水煮肉片

有一道料理，从我刚结婚开始，一直坚持烹制了25年，那就是平野丽美老师的杰作“猪眠菜园”。用煮圆白菜的锅直接煮猪肉，可谓一举两得。

首先调制蘸汁：豆瓣酱2小匙、蒜1瓣、生姜1小段剁碎、10cm长的大葱剁碎、酱油4大匙、煮沸后的料酒和酒各2大匙、砂糖2小匙、芝麻油1/2大匙，将所有食材混合均匀即可。圆白菜叶7～8片撕大块，下入热水中焯一下，沥净水后铺在盘中。将猪肋条肉200g倒入焯圆白菜的锅中，稍稍涮一下后捞出，倒入蘸汁中拌匀，然后码在圆白菜上，最后撒上葱花、摆上泡菜，这道美味的香拌水煮肉片便做好了。

我非常喜欢平野老师给这道料理取的名字，“猪眠菜园”意思就是圆白菜菜园中卧着正在休息的猪，真是非常形象也非常迷人的一个名字。

色彩斑斓

尼斯风味沙拉

每当我感到蔬菜摄入不足时，便会拌制沙拉。如果是午餐时食用，就会拌制这道分量感十足的尼斯风味沙拉，口感极佳又能果腹。

用到的蔬菜有：切成小块的莴苣、黄瓜、番茄、紫甘蓝、紫洋葱、煮熟的豇豆和土豆。将蔬菜类食材铺在盘底，上面撒上罐头金枪鱼、煮鸡蛋和鳀鱼。因为所用食材种类很多，各种味道交叠在了一起，所以调料汁要尽量简单一些，只需颗粒芥末酱、葡萄酒醋、胡椒盐、橄榄油调匀即可。

卖相好看的关键在于要让紫色的蔬菜分散点缀在沙拉之中，与只有绿色和红色的沙拉相比，多了紫甘蓝和紫洋葱的紫色之后，整道料理多了一份层次感，也更显精致。

发现了新的魅力

桃子红白小碟沙拉

我曾在某本书上看到过，可以将红白小碟中的固定食材番茄换为桃子，同样美味。于是我便尝试着做了一次，从此便爱上了这道沙拉。

做法十分简单：桃子去皮切成适宜食用的大小，马苏里拉奶酪掰成小块和桃子拌到一起。撒上盐和胡椒粉，淋入白香醋2小匙，再转圈淋入橄榄油1～2大匙即可。装盘时撒上薄荷叶和擦碎的柠檬皮。

新鲜的桃肉和绵软的马苏里拉奶酪十分搭配，口感均衡。唯一的注意事项是不要用刀切奶酪，而要用手掰。如果没有白香醋，也可用白醋和蜂蜜自制。

烹饪笔记

介绍给各位一种切桃子的简便方法：桃子摆好，沿着纵向中间线位置下刀，碰到桃核后，将刀沿着桃子周围转一圈，与鳄梨去核的方法一致，以果核为中心，双手握住上下两部分，左右反方向扭动，将桃子对半分开，然后去皮。

专栏

ariko的用心之选
~产品篇~

我喜欢能充分发挥出食材美味、可用于烹制各种料理、口感清淡且百吃不厌的产品。而且一旦认定了某种产品，便绝对不会移情别恋。

纪州农家腌梅干

这种梅干的果肉柔软，不是很咸而且没有涩味，十分美味，可谓百吃不厌，适宜用来烹制各种料理。我非常尊敬的向田邦子老师也非常喜欢它，甚至曾在所著的书中专门介绍过。

东京布拉塔

这是一种用马苏里拉奶酪包裹鲜奶油制作而成的奶酪。可以与番茄拌制成红白小碟沙拉（Caprese）。东京布拉塔多为进口产品，不过这款为自制产品，很新鲜。这款奶酪可以随处买到，使用方便。

松之叶昆布

这款昆布是用甲鱼汤熬煮而成的，不仅味咸，还更加香浓。用其烹制茶泡饭，要比普通的昆布美味许多。这款昆布可用于拌制沙拉、搭配刺身食用，也可替代调味料使用。

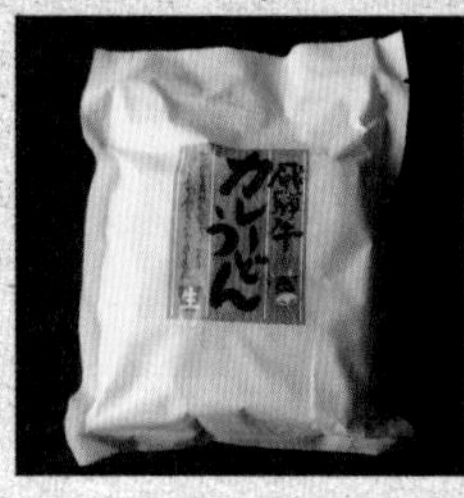

飞弹牛咖喱乌冬面

这款乌冬面的一份大包装中包含三个小包装，分别为：装有多多酥烂香浓牛肉的袋装牛肉咖喱；面汁；口感软糯、极致美味的乌冬面。吃过了这款咖喱乌冬面，一定会刷新你对咖喱乌冬面的认知。

和式醋渍汁、煎酒

茅乃舍的所有调味料都不含添加剂，用起来很安心。其中我最喜欢的就是这两种。和式醋渍汁酸味温和，与鲣鱼汤搭配很是绝妙。煎酒可用作调味酱油。

有机龙舌兰糖浆GOLD

这是一种对身体很好的有机甜味调料。这款糖浆很容易化开，而且与蜂蜜相比，没有那么明显的味道，烹制料理很是方便，比如可以用来调制甜醋或是柠檬水等。

MALPIGHI Prelibato 5年熟成意大利白果醋

与普通的果醋相比，白果醋的味道不那么冲，而且带有一种香甜味，与水果很搭配。将时令水果泡入其中，口味倍增。这种醋也可用于烹制糕点。

Colman's 芥末

与法式芥末相比，意大利产的芥末没那么酸，还带有一丝日式芥末的辛辣味。这种芥末的用处很多，可以用于制作热狗、三明治、煎炸等各种料理中。

自制食盐（白盐）

一种由海带、香菇等纯天然材料制作而成的美味食盐。最初只是一家烤串店自制自用的食盐，只有很少的人才知道。只需撒上一点儿，便能充分发挥出食材的美味，称得上是一种魔法之盐。

甜菜糖（砂糖）

这款甜菜糖提取自北海道产的砂糖萝卜，其特色在于带有一种香甜感。而且不是很甜，不会影响其他食材的味道，可以轻松用于烹制各种料理以及甜点。

CHAPTER 2
AUTUMN WINTER 2014

对于吃货来说，秋天的到来是一件令人兴奋的事情。因为秋天素有“食材的宝库”之称，不仅有蘑菇、板栗、红薯，还有无花果和柿子等可用于烹制料理的水果。而且，一到秋天，就想要慢慢地烹制料理，此时最常做的料理样式有两种.　　种是可以由内至外慢慢滋养身体的各种和式料理；另一种是炖菜，一次炖很多可以吃好几天。

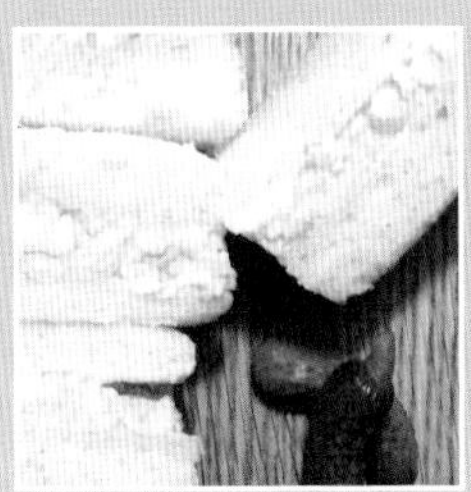

在家也有饮品店的感觉

可乐雪顶

虽说已经步入9月份，进入秋季，但是秋老虎余威尚在，所以还是想要喝些凉爽的饮品。如果此时有人问我“有没有什么甜品”，我一定会给他做这道饮品。玻璃杯在冷冻柜中冰镇后，放入冰块，再注入可乐，最后放上香草冰激凌。如此，一杯可乐雪顶就完成了。喜欢哈根达斯的我不由得会使用“超级大杯”。当然，可乐要选择原汁原味的，而不是无糖型。浸入可乐的冰激凌，更是无法形容的美味。毫无疑问，制作此款饮品的要点就是要提前将玻璃杯和可乐充分冰镇。

烹饪笔记

在选择制作此饮品的容器时，我比较钟爱多莱斯玻璃杯，因为其质量极佳，即使放入冷冻柜中也不会被冻裂。此外，高一些的多莱斯玻璃杯经过冰镇后，也非常适宜盛放啤酒。

清新爽口

番茄汤面

如果冰箱中有番茄和圆白菜，再来一包“札幌一番盐拉面”，就可以烹制这道番茄汤面。这道面做法十分简单，只需找好时间差下入不同的食材即可。

由于我比较喜欢喝汤，所以会比包装袋上标注的用量多添一些水（约700mL），待水烧开后，放入味精或是鸡精1小匙、盐半小匙，接着将圆白菜撕小块儿后倒入锅中，待再次煮沸后下入拉面。2分钟后倒入切成半月形的番茄（1个中等大小的番茄）和料包，然后立即淋入鸡蛋液，出锅前滴几滴芝麻油、撒些香葱段即可。整个过程只需3分钟，也可稍稍延长煮的时间，别有一番风味。

烹饪笔记

制作此道番茄汤面时，一定要使用“札幌一番盐拉面”。此道料理成品没有浮沫，非常适合口味清淡的人食用。

颇有秋季丰收之感

萨拉米香肠和秋季水果

我非常喜欢用咸味的熟食（肉类加工品）和香甜的水果搭配食用的料理，如生火腿配甜瓜。因此也尝试着烹制了各种将肉类加工品与水果搭配组合的料理。

到了秋季，正是甘甜软糯的无花果上市的季节。当然也要烹制一道无花果料理。虽说生火腿口感也很浓厚，但是略带些辛辣味的意大利萨拉米香肠与水果更配。还可再撒上些红辣椒碎，如此看起来更加诱人，有一种成熟感。如果旁边再配上一些可连皮食用的Pizzutello Bianco葡萄，便又增添一份秋季之感。待无花果下架后，还可以使用柿子烹制此料理，也十分美味。

由蒜蓉甜辣椒酱拌制而成

圆白菜沙拉

这道圆白菜沙拉是我的好友造型设计师高桥莉塔教给我的。亮点是拌制时放入了蒜蓉甜辣椒酱和蛋黄酱。

做法十分简单，将圆白菜（1/4个）切小块（边长1cm左右）和鸡肉火腿或水煮鸡肉、蛋黄酱2大匙、蒜蓉甜辣椒酱2～3小匙混合搅拌均匀，调味料也只需放入胡椒盐。由于放入了蒜蓉甜辣椒酱，增加了香辣味和酸甜味，使整道料理回味无穷。舀1勺送入口中，清脆爽口，口感极佳。每次聚餐带上这道料理，必是瞬间就被吃光，可见大家都很喜欢此料理。如此食用已是十分美味，若夹入面包中做成三明治食用，也非常美味。

美味浓汤

牛小腿肉浓汤

一旦气温开始降低，我便会经常烹制炖牛小腿肉这道料理。虽说烹制时间稍长，但是由于只需小火慢炖即可，不用一直在旁边看着，尤其适合交稿的日子烹制。

此汤虽然香味浓郁但口感又很清淡，十分美味。我尝试着用这道汤烹制其他料理。比如，和萝卜一起炖，便是日式浓味蔬菜炖肉；还可浇在米饭或是乌冬面上食用。此浓汤的烹制方法也十分简单。大锅中倒入牛小腿肉1kg和清水2L，放入生姜1小段以及大葱的葱叶部分，开大火将汤煮沸，撇净浮沫后改小火，煮至牛小腿肉变软，整个过程大约4小时左右。

烹饪笔记

在烹制日式浓味蔬菜炖肉时，应先将萝卜提前煮熟，然后再倒入牛小腿肉浓汤中炖20分钟左右，放入盐和酒调味。食用时蘸上柚子胡椒。

香醇美味 挑战一下！

汤泡饭

牛小腿肉浓汤还可以做成汤泡饭。将浓汤分别盛入小锅中，用胡椒盐、清酒、香油调味后淋到热乎乎的米饭上。再摆上牛小腿肉、煮鸡蛋、用清水浸泡过的葱丝即可。建议搭配泡菜食用，口感更富有层次。也可用挂面代替米饭烹制这道料理。这道浓汤泡饭温和不刺激胃，适宜在寒冷的清晨做早餐或是做夜宵食用。剩余的牛小腿肉可与温性蔬菜搭配拌制温性沙拉。将圆白菜、芜菁、西蓝花、绿竹笋等蔬菜焯水后沥净水，和牛小腿肉一起搅拌均匀即可。调味料建议选用p110的颗粒芥末酱调味料。

由美味面包制作而成的

鸡蛋三明治

银座有一家名为"CENTRE THE BAKERY"的面包店，生意非常火爆。每到面包即将出炉时，门口都会排起长长的队伍，要想吃上他家的面包还真得花上一番工夫，不过他家的"角食"麦香四溢、绵软蓬松，真的十分美味。如果恰好能买到一块儿，我一般都不会用来做烤面包，而是会将其做成简单的鸡蛋三明治，这样便可以充分享受面包本身的美味了。

3个煮鸡蛋剥壳后剁碎、蛋黄酱3大匙、牛奶2小匙、砂糖1小匙，将上述所有食材搅拌均匀制成鸡蛋馅料。取两片面包，面包上涂抹薄薄一层黄油和芥末，将制作好的鸡蛋馅料均匀涂抹在其中一片面包上，再取一片盖在上面即可。

这款鸡蛋三明治口感醇香，略带甜味，有一种熟悉又令人怀念的感觉。搭配上酸黄瓜（cornichon），便是一道极佳的早餐，也是一道慰问他人的佳品。

令人怀念的洋食屋风味料理

那不勒斯风味意面

周末在家时，我常烹制意面套餐作为午餐，套餐包括意面、沙拉和汤。如果仅有意面总感觉有些不满足，而且从营养均衡的角度讲，也应该搭配沙拉和汤。我偶尔会烹制那不勒斯风味意面。用黄油翻炒切好的洋葱、蘑菇、青椒和香肠（斜切），然后将番茄酱和番茄沙司对半倒入锅中调味。接着放入清汤颗粒调味，口感会更加浓郁，百吃不厌。在翻炒配料的时候下入煮好的意面，可以使意面更加均匀地包裹上汤汁。此外，通过这种方式翻炒意面，可以使意面变得干爽，防止意面变软。

烹饪笔记

汤和沙拉也要烹制成洋食屋风味。汤为玉米浓汤，沙拉为法式沙拉酱汁拌制的莴苣、黄瓜、番茄和紫洋葱。

用面包制成的点心

焦糖苹果

红玉苹果上市后，我一定会买一些回家来制作这道焦糖苹果点心。

苹果（2个）去皮切成银杏状，挤上柠檬汁备用。黄油40g、绵白糖50g倒入平底锅中，用稍弱的中火加热至白糖熔化变为琥珀色。需要注意的是，熬制的过程中不能搅动糖浆，否则便会结晶，只能转动平底锅使其受热均匀。焦糖熬好后下入苹果，用木铲翻搅20分钟左右，直至炒干水分、苹果均匀着色有光泽。

将面包片提前烘烤好，上面涂抹鲜奶油和马斯卡彭软奶酪(Mascarpone)，再摆上做好的焦糖苹果便大功告成。此料理秋意十足，而且做法比苹果派要简单许多。

放入了炸物的

咖喱乌冬面

每隔一段时间，我就想吃一顿略带辣味且浓郁多汁的咖喱乌冬面。许是受了京都出身的母亲的影响，我在烹制配菜时一定会加入炸物。

先将炸物泡在热水中去掉油脂，选取鸡肉或是猪肋条肉等自己喜欢吃的肉和炸物、切细丝的洋葱、面条调味料一起下入锅中炖一段时间，然后放入咖喱。当然还可以放其他的食材，比如九条葱段和冬葱段。最后用水淀粉勾芡，倒入盛有乌冬面的碗中便大功告成。

如果想更加简单一点，只需将前一天的剩菜或者袋装熟食、咖喱和稀释成适宜浓度的面条调味料混合到一起，再淋到乌冬面上即可。食用时挤上些鲜奶油，也可撒些帕尔玛奶酪，别有一番风味。

烹饪笔记

我最喜欢的成品是p36中介绍的“飞弹牛咖喱乌冬面”。在纪之国屋（日本连锁超市）可以买到，我经常会一次性购买多袋放入冰箱中备用。

份量满满

炸猪排

立秋过后仍旧酷热难耐，仿佛再次回到了盛夏一般，此时午餐最宜烹制大分量的料理。比如这道炸猪排就很受我家人的喜爱。

先将猪里脊肉提前腌好，然后炸至酥脆。腌制时，每2～3块猪里脊肉，应使用蒜末、姜末（皆擦碎）各1小匙、酱油1大匙多一些、砂糖2小匙、香油1大匙、鸡蛋1个、盐1/2小匙、胡椒、淀粉3～4大匙。还可放些五香粉和咖喱粉，这样炸出的猪排更香，还带些许辣味，十分美味。加鸡蛋是为了让猪排外酥里嫩。食用时搭配水芹和柠檬食用。当然，此料理与冰镇啤酒也很配。

烹饪笔记

与炸猪排搭配食用的炒饭，只需用鸡蛋、葱末简单炒一下即可。可用越南产鱼露调味，不仅可以使口感更浓郁，还能增添一份地域特色。

养胃佳品

浇汁蛋羹

天气转凉后，我便会想要烹制这道爽滑多汁的料理。一般情况下，我都会做一大盆，每个人想吃多少就取多少，而不会每个人单独做一小碗。多放些鲣鱼汤，做出的蛋羹更加滑嫩。

将鸡蛋（大号）3个打散，与鲣鱼汤3杯、清酒1大匙、盐1小匙、淡口酱油混合搅拌均匀。用滤网滤入大盅，放入烧开的锅中，用稍弱的中火蒸20分钟左右，如此鸡蛋的部分就做好了。另取一口小锅，倒入鲣鱼汤1杯、清酒和酱油各1大匙、盐少许搅拌均匀，然后下入丛生口蘑1包，待汤煮沸后倒入水淀粉勾芡，如此浇汁便做好了。将做好的浇汁倒在蛋羹上，趁热食用。

用咸海带调味的

白菜沙拉

随着气温的持续下降，白菜也更加美味，此时，我便会制作这道生食白菜沙拉。

黄色白菜的叶子比绿色白菜的叶子柔软，更适合生食。可如图一般切细丝，也可用刀削大块，随个人喜好而定。先用醋、酱油、香油调制料汁（每1/4棵白菜，对应使用醋1大匙、酱油2小匙、香油1大匙），然后将调好的料汁、切好的白菜、盐海带*（每1/4棵白菜对应2大匙）混合搅拌拌匀即可。

最好趁着白菜还没有出水前食用，这样口感比较清爽。如果没有吃完也不要紧，稍稍浸出的水可以起到腌渍的作用，食用起来亦别有一番风味。

*盐海带：一种和浓口酱油等其他材料一起用文火慢煮制成的海带产品。

烹饪笔记

在烹制这道料理时，如果用干制盐海带调味，使用哪种类型的都可以，但如能使用p36中介绍的“松之叶昆布”，味道绝对更佳。尽管价格有些贵，但却是物有所值。

用调味料制胜

鲷鱼火锅

有一次我在超市中一边闲逛一边琢磨着晚上吃什么，突然看到了整整齐齐摆在包装盒中的用于烹制鲷鱼火锅的鲷鱼刺身，没有任何犹豫就买了下来。回到家后一边回忆着经常去的那家饭店的鲷鱼火锅的味道，一边尝试着还原了一下。

火锅中注入清水，下入海带以及少许清酒，熬制海带汤底。蔬菜只需准备芥菜、金针菇以及经水浸泡后的葱片（斜切）即可。将香油、盐、芥末搅匀，再挤上几滴酸橘汁调成酱汁备用。食用时，将涮好的鲷鱼肉蘸少许酱汁即可。一口吞下，口感清爽，还带有香油的风味，百吃不厌。还可准备一些橙醋*，交替蘸取橙醋与酱汁食用，可享受到不同的口味。

烹饪笔记

最后可下入乌冬面。此时锅中汤底十分香浓，只需加些盐和酒调味便十分美味。

*橙醋：一种由柑橘类果汁和醋酸等调制而成的日式调味汁。

小火慢炖
番茄汤

要想品尝最朴素、纯天然的番茄美味，不妨尝试一下用小火慢炖整个番茄制成的番茄汤。如果发现冰箱中有剩余的番茄，我通常都会用其烹制这道做法简单的料理。

取一口小号平底锅，番茄（1个）去籽后整个下入锅中，接着倒入剁碎的洋葱1大匙、水100mL、胡椒盐，盖上锅盖小火慢炖30分钟即可。将熬好的番茄汤盛入容器中，淋入几滴橄榄油，也可撒上少许芹菜碎起到装饰作用。

汤色金黄有光泽，味道浓郁略酸甜，不知情的人，绝对想不到这是一道仅仅通过慢炖烹制而成的料理。而且，即使不加入高汤等其他辅助调味料也很美味。食用时用汤匙将番茄捣碎食用。

由柿子和葡萄调拌而成

意大利红白小碟沙拉

红白小碟沙拉（Caprese）是一种由马苏里拉奶酪、番茄和水果拌制而成的沙拉，做法十分简单，而且色香味俱全，经常作为前菜出现在餐桌上。

如果使用进入深秋后甜味猛增的柿子和可带皮食用的日本香印青提子 (Shine Muscat)拌制此料理，那么便是一道颇具秋季之感的红白小碟沙拉。为了使整道料理看起来更加协调美观，建议选择与葡萄形状更搭的樱桃状小颗粒马苏里拉奶酪。调味也是有讲究的，通常使用橄榄油、胡椒盐和白葡萄巴萨米克醋（white balsamico）调味。与普通的巴萨米克醋相比，白葡萄巴萨米克醋口感稍淡，颜色近乎透明，与水果更配。盐最好使用岩盐，口感会更富有层次感。最后用研磨器磨入白胡椒即可。

烹饪笔记

我最喜欢用位于意大利摩德纳地区的Malpighi公司生产的白葡萄巴萨米克醋。如果没有，也可以用白醋和蜂蜜调制出代用调味料。

像派一样
苹果吐司

酸甜口味的红玉苹果上市后，我总会尝试着用其烹制各种不同类型的料理，尽情感受酸甜的秋意。其中最为简单的要数苹果吐司了。

苹果连皮竖着对半切开，去掉果核后切成薄片。面包片上涂抹奶油干酪，上面涂上蜂蜜或是撒上砂糖，然后将苹果片整齐码在面包片上，最后撒上少许锡兰肉桂，放入烤面包机中烘烤即可。

烘烤的过程中，整个厨房溢满了酸甜的香味，简直幸福感爆棚。如果觉得甜度不够，还可依据个人喜好在烤好的苹果吐司上淋上适量的蜂蜜。如果有蓝纹干酪，建议将其撕碎撒在铺好的苹果片上，然后再放入烤面包机中烘烤。食用时也是蘸取蜂蜜食用。这款苹果吐司可以当早餐，还可以搭配白葡萄酒食用。

ariko 的最爱
面包

比起硬质面包，我更喜欢松软的切片面包和面包卷等，
还喜欢尝试各种基础面包。

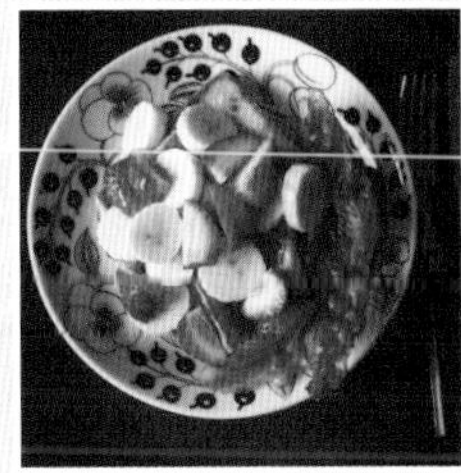

生产日期三天之后的面包可以用来烹制法式吐司。面包裹上一层蛋液煎至金黄。上面码上香蕉、浆果类水果以及培根即可。口感甜中带咸，十分美味。

锅中热黄油，面包片中间夹上熔化的黄油和火腿，放入锅中煎至变色，便是香喷喷的热三明治。我家的做法是不断按压三明治，将面包表面煎至金黄。

脱水后的酸奶口感更加醇厚，是一种非常好的涂抹食材，与新鲜的水果非常配。

由圆白菜和咸牛肉罐头翻炒而成的馅料非常适合搭配吐司食用。可以做成分量感十足的不夹心三明治。

厚切吐司可以用来制作蜂蜜黄油吐司。为了让黄油更入味，可在吐司表面划几道。

由蔬菜和炸肉饼制作而成的不夹心三明治。吐司上码上一层圆白菜，然后摆上炸肉饼，最上面挤上番茄酱和番茄沙司即可。也可依据个人喜好挤些芥末。

法式吐司亦可作为零食食用。将枫糖浆和黄油放入锅中加热，待其充分溶化后搅匀做成涂抹调味料，满满涂于吐司上，味道超赞。

这是用我最爱的无花果搭配咸味食材一起制作成的料理。面包使用的是当下最受欢迎的咸味黄油面包卷。面包卷横向切开，将奶油干酪、生火腿和无花果夹在当中即可。

香醇芝麻酱风味

鲷鱼茶泡饭

我非常喜欢银座“竹叶亭”和“内山”的芝麻酱汁鲷鱼茶泡饭，所以自己在家也尝试着做了几次。

在尝试的过程中，逐渐摸索出了这种芝麻酱的做法。所需材料及分量如下，每2条鲷鱼肉（超市中贩卖的便于制作刺身的条状鲷鱼肉），应使用黏稠的纯芝麻酱2大匙、去掉酒精的酒（可将酒倒入锅中煮至沸腾，或是用烤箱加热）2大匙、酱油和调味酱油*各2大匙。芝麻酱盛入碗中，一边倒酒一边搅拌，接着倒入酱油和调味酱油，待所有材料搅拌均匀，芝麻酱便调好了。然后，将切好的鲷鱼刺身倒入芝麻酱中即可。

食用时，就着芥末和刚煮好的米饭一起吞下，十分美味，百吃不厌。也可依据个人喜好撒些芝麻。吃到一半的时候，我会往米饭中倒入鲣鱼汤做成汤泡饭。可以一次性多做出一些芝麻酱，放入瓶中贮藏起来备用，如此便可以随时在家烹制这道简单美味的鲷鱼泡饭了。

烹饪笔记

用于制作汤泡饭的鲣鱼汤的做法十分简单。调料包浸入水中泡制鲣鱼汤，再滴上几滴淡口酱油即可。芝麻酱口感浓郁，与口味清淡的汤泡饭非常搭配。

*调味酱油：一种加了鲣鱼汤的酱油。

用剩余的汉堡牛排烹制

浓西班牙沙司蛋包饭

如果前一天剩下了肉料理或是炖菜，第二天我一般都会将其重新回锅烹制其他料理。如果剩的是炖制的汉堡牛排，那么毫无悬念，第二天的午餐一定会是蛋包饭。

首先要烹制汉堡牛排沙司。将汉堡牛排煎至变色，倒入红酒，待酒精蒸发，倒入浓西班牙沙司1罐以及炒熟的蘑菇、番茄酱、伍斯特辣酱油各1～2大匙焖制一段时间，然后将汉堡牛排捣碎，汉堡牛排沙司便做好了。锅中放入黄油加热熔化，下入剁碎的火腿或是鸡胸肉、洋葱碎、青椒碎翻炒片刻，然后倒入胡椒盐、番茄酱调味，接着倒入米饭继续翻炒，番茄炒饭便做好了。将番茄炒饭盛入容器中，上面铺上松松软软的炒鸡蛋，最后再浇上汉堡牛排沙司，这道美味的浓西班牙沙司蛋包饭便大功告成。食用时可淋上鲜奶油，口感更丰富。

寒冷的清晨最适合来上一碗

鸡肉丸子南蛮乌冬面

随着天气愈加寒冷，我更加想吃热乎乎的带汤料理。此外，我儿子因为要准备升学考试，所以总是学习到深夜，常常睡眠不足，有时候吃早饭时还处于迷迷糊糊的状态。如果早饭是带汤的乌冬面，能量便能快速被吸收，所以我早餐常常会做热乎乎的乌冬面。

如果要制作3人份，需要准备鸡肉馅200g、生姜汁1～2小匙、盐半小匙、淀粉1大匙。将以上食材混合搅拌均匀制成鸡肉丸子馅料。锅中热鲣鱼汤，用汤匙从鸡肉丸子馅料中舀出丸子下入锅中，待丸子浮起后，倒入浓缩型面汁调味，接着倒入乌冬面稍煮片刻，然后下入斜切葱片，待锅再次沸腾时即可出锅。盛入容器后，上面可再撒些葱花、摆上一小块柚子肉，不仅可以提香，还能刺激食欲。

ariko随笔

无论是去学校上学还是到补习班学习，我儿子早上起床3分钟之后一定会坐在饭桌前，一边揉着惺忪的睡眼，一边不慌不忙地吃早饭。那种因为睡过头只能一手拿着吐司慌慌张张出门的情景是不会在我家出现的。但也正因如此，如果按照一般的搭配准备吐司、鸡蛋火腿、水果和酸奶作为早餐，上学是一定会迟到的。所以，我会选择一碗就能解决的料理作为早餐。比如，带汤的汤面和乌冬面，或是可以快速扒拉进口中的盖饭等。总之，是那种可以快速咽下，即使慢慢食用也花不了多少时间的料理。而且，对于烹制料理的人来说，只需一口锅、一个碗便可解决一餐饭，也十分省事。不知现如今正在旭川大学求学、独自一人生活的儿子，早餐又是如何解决的呢?

由面包切片做成的零食

面包布丁

如果没有时间用面粉、鸡蛋、黄油烘焙糕点，不妨尝试一下用面包切片烹制简易零食。

毫无疑问，由面粉制作而成的面包切片可用于制作无糖海绵蛋糕和面包派。不过最简单的还是要数面包布丁，利用冰箱中的食材，随时都可以烹制出面包布丁。

如果是3～4人份，需准备6片面包切片，并将其中的2片切为小块。准备一个耐热容器，表面涂一层黄油，将面包整齐摆在上面。鸡蛋2个打散，和牛奶300mL、砂糖2大匙搅匀，倒入耐热容器中。搁置片刻，直至面包吸足溶液。接着放入160～170℃的烤箱中烘烤20～30分钟，烤至稍稍上色即可。准备一只小煎锅，放入黄油和枫糖浆煮至沸腾，淋在面包布丁上即可食用，十分美味。

烹饪笔记

如上述介绍那般简单烹制出来的面包布丁已是十分美味，如果再加些草莓、蓝莓、猕猴桃、香蕉等水果或是马斯卡彭软奶酪，就更是锦上添花了。

用米勾芡的
胡萝卜汤

关注我Instagram的人会发现，去年冬天在“Soup Stock Ariko”这个话题中多次出现了胡萝卜汤，这道胡萝卜汤的做法是母亲教会我的。

胡萝卜4～5根去皮切薄片，洋葱（中等大小）1个切薄片。锅中放入黄油加热，将胡萝卜片和洋葱片下入锅中翻炒。直至炒净胡萝卜的水分、炒出香甜味，加入清水稍稍没过食材，放入大米1大匙、汤块1块，炖20～30分钟，将米炖软。待米变软后用多功能料理机或者食物搅拌机将锅中所有食材搅匀。如果过于黏稠可加些水稀释一下，接着放入花椒盐调味便可出锅。食用时滴入几滴鲜奶油即可。

米可以起到勾芡的作用，还略带甜味，是很好的辅助食材。对面粉过敏的人，不妨尝试一下这道料理。

烹饪笔记

冬天出外景的时候，我常会烹制这道胡萝卜汤带去现场和大家分享，大家都非常喜欢。可以盛入广口保温瓶中带去。按照本书中介绍的量，大约需要2个750mL的保温瓶。

香醇浓厚

意式黑胡椒细面条

意式黑胡椒细面条的做法可谓百人百样，我家的做法是放入鲜奶油增加料理的浓醇口感。

2人份需要准备鸡蛋2个、蛋黄2个、帕尔玛奶酪30g、鲜奶油2大匙制作蛋液。将上述食材倒入碗中混合搅拌均匀，调制蛋液。锅中放适量水煮意面。另置一炒锅，锅烧热放橄榄油，倒入培根肉丝80g翻炒片刻，然后倒入少许面汤，接着将煮了2分钟左右的意面倒入炒锅中轻轻搅拌，淋入蛋液，中火继续翻炒，最后研磨入黑胡椒即可。

要点是煮意面的盐水配比应为3L清水对应45g盐，这种比例的盐水煮意面，可以使意面充分吸收盐水的咸度。

充分享受榨菜的口感

鸡肉丸子火锅

多年前，我在平野丽美老师的书中知晓了榨菜鸡肉丸子火锅的做法，自此，一年四季这道料理都有可能会出现在我家的餐桌上。

鸡肉丸子中加入了剁碎的榨菜，那爽脆的口感令人百吃不厌。随着烹制次数的增多，烹饪方法也渐渐演变为自家的风格。

首先制作丸子馅料，准备鸡肉馅600g、榨菜6大匙（冲洗干净后剁碎）、大葱半棵（剁碎）、生姜1小段（擦碎）、淀粉2大匙、鸡蛋1个，将上述所有食材混合搅拌均匀，馅料便拌好了。由于榨菜中含有盐分，所以无须再加盐。锅中加水煮沸，用汤匙舀出丸子下入锅中，丸子浮起便证明熟了。同时还可下入油菜、豌豆苗、韭菜等绿叶蔬菜。待蔬菜煮熟后淋入一圈芝麻油即可。建议吃完火锅后往锅中下入乌冬面食用。

烹饪笔记

煮熟的鸡肉丸子直接食用已是十分美味，还可蘸取盐、辣油、橙醋等蘸料食用，味道更佳。建议多准备一些香葱段，下入火锅中十分美味。

味道清淡

番茄炒蛋

在食用煎饺和油炸料理等口味略重的中国菜时，最好搭配一道味道清淡的番茄炒蛋。

番茄炒蛋的做法十分简单。番茄2个切成半月形备用，鸡蛋4个打散，干木耳10g浸入热水中泡发，将大一些的木耳对半切开。锅烧热放橄榄油，下生姜末爆香，倒入蛋液快速搅散，炒至半熟状态时盛出备用。锅内重新倒入色拉油1大匙，倒入番茄和木耳翻炒一段时间，然后倒入由绍兴酒1大匙、牡蛎沙司1大匙、酱油1小匙以及胡椒盐混合调制的调料，再将之前盛出的炒蛋倒回锅中翻炒片刻即可。少量的酱油有助于将番茄的香味充分发挥出来。

汤色奶白的
芜菁蛋清汤

在烹制蛋糕或是其他只需要使用蛋黄的料理后，可以利用剩下的蛋清制作这道奶白汤。

锅中烧热水，倒入鸡精搅匀，芜菁去皮切成半月形后下入锅中煮软。然后倒入生姜榨汁和胡椒盐调味，接着淋入蛋清，出锅前滴几滴香油即可。将烹制好的奶白汤分别盛入小盅中，上面可撒些香葱末，奶白之中透着一抹绿色，十分好看。

此料理不刺激肠胃，还可暖身，在寒冷的冬季非常适合作为早餐食用。这道由没什么涩味的芜菁和鸡汤一起熬制成的蛋清汤，可以和各种料理搭配食用。炒饭等中式料理自不必说，如果用橄榄油代替香油，再省去生姜汁，也可搭配西式料理食用。与吐司、意面搭配食用十分美味。

奶香十足

布拉塔奶酪水果沙拉

自从偶然一次在某家意大利餐厅中吃到了布拉塔奶酪（Burrata）之后，便一直无法忘记那种奶香十足的味道。

布拉塔奶酪是一种由鲜奶油和马苏里拉奶酪制作而成的袋装奶酪。日本大多数的商店都是不定期从意大利空运进货，不过有一家名为“SHIBUYA CHEESE STAND”的商店，是自己制作这种奶酪的，十分新鲜，所以可以随时购入。有了新鲜的奶酪，只需和番茄搭配到一起，这道水果沙拉便大功告成。

这道料理无须使用水果番茄*，只需稍甜一些的小番茄即可。用意大利果醋、橄榄油、胡椒盐将小番茄稍稍拌一拌，盛入盘中，上面放上布拉塔奶酪，奶酪上面再淋上橄榄油和黑胡椒即可。食用时用小刀将奶酪和番茄搅匀，便可享受这道奶香十足的料理了。

*水果番茄：一种含糖量很高的番茄品种。

烹饪笔记

除了番茄之外，布拉塔奶酪与其他水果也很配，比如桃子、柿子、柑橘、葡萄等果肉软嫩新鲜的水果。

不刺激肠胃的健康食谱

鸡蛋粥

无论是感冒、无食欲时，还是想吃夜宵和零食时，最宜来一碗鸡蛋粥，口感清淡而且易于消化。

锅中放足量水煮沸，倒入米饭熬一段时间，熬制过程中放入少量鲣鱼汤调味，最后淋入蛋液即可。通常来说，一碗米饭需要300mL左右的清水。做法类似于吃完火锅之后烹制的无作料版杂烩粥。淋入蛋液后应立即关火，这样鸡蛋会比较蓬松柔软。无须另外放盐，可就着腌海带、梅干、咸鲑鱼或是其他咸菜等小菜一起食用，非常美味。

如果有当季的芜菁，可将芜菁叶剁碎，用盐腌出水分，然后和沙丁鱼拌制成小菜，与鸡蛋粥可谓绝配。

美味下酒菜

梅脯培根卷

这是一道利用冰箱中的食材便可简单烹制成的下酒菜，与葡萄酒很搭配。

选择无核型的肉质偏软的梅脯备用。培根横着对半切开，包裹住梅脯，包口朝下整齐摆于铺好烤纸的烤盘中。烤箱预热至170℃，烤盘放入其中，烤至培根出油、梅脯鼓起。如果没有烤箱的话，也可以用多功能面包机代替。由于无须使用煎锅，几乎没有需要清洗的厨具，十分省事。

黏糯香甜的梅脯和略微有些咸味的培根很搭配，口感极佳，而且和葡萄酒很配，但是我儿子却不是很喜欢。不过他本来就不怎么喜欢干果类的食物。

烹饪笔记

插在梅脯上的竹扦，是我从网上偶然看到的产自西班牙的用于制作Pinchos*的竹扦。此竹扦呈扁平状，使用起来很方便，而且还可以使整道料理看起来更加高档。

*Pinchos：一种用竹扦将水果块等食材插在面包块上的食物。

香醇暖胃

滑菇杂烩粥

在我的Instagram上的“暖暖地出门”这个话题中，常常能见到杂烩粥的身影。

因为杂烩粥可以由内而外温暖身心，我很喜欢这种类型的料理。我尝试过各式各样不同配料的杂烩粥，这里就给大家介绍一种由滑菇烹制而成的杂烩粥，口感爽滑，十分美味。

锅中倒入鲣鱼汤，用盐和酱油调味，味道须比高汤略浓。然后倒入米饭，待米粒充分吸收鲣鱼汤膨胀起来后，倒入清洗干净的蕈朴。待锅再次沸腾后，淋入蛋液即可。将煮好的杂烩粥盛入碗中，撒上剁碎的鸭儿芹碎，趁热食用。食用杂烩粥的时候，建议选择木勺。

一个珐琅铸铁锅便可轻松搞定

烤牛肉

自从知道了可以用珐琅铸铁锅轻松烹制烤牛肉后，我就再也没有尝试过先在煎锅中将牛肉煎至变色然后放入烤箱中烘烤的方法了。

先将牛臀肉等部位的牛瘦肉块500～600g于室温下放置一段时间。擦净水分后，用蒜的切面擦抹整块肉，接着用胡椒盐搓揉整块肉。珐琅铸铁锅烧热后倒入橄榄油，下入牛肉，用中火煎制，注意要时常翻面，直至每面均匀上色。然后将牛肉取出放入铝箔中包好，再次放回到锅中。关火利用余温继续加热20分钟左右。待其冷却后切成薄片，可依个人喜好，蘸取岩盐、颗粒芥末酱、橙醋颗粒芥末酱（由橙醋与颗粒芥末酱混合调制而成）、芥末酱油等蘸料食用。

烹饪笔记

此料理可搭配水芹炒香菇食用。具体做法是锅中热油，倒入蒜末爆香，下入大量水芹和香菇轻轻翻炒，最后撒上荷兰芹即可。还可搭配放了鳀鱼的土豆干酪奶汁烤菜食用，亦十分美味。

浓浓香味

油渍牡蛎

若山曜子老师是我的料理烘焙老师兼好友，在其所著的《梅森杯沙拉》一书中，介绍了“油渍牡蛎”这道料理。在牡蛎上市的时节，我会经常烹制这道料理。

牡蛎15个，用盐水清洗干净，放入煎锅中干煎，直至将牡蛎中的水分煎没，牡蛎稍稍变色。然后转圈淋入牡蛎沙司和意大利果醋各1大匙，关火。

将做好的牡蛎、蒜末（1瓣蒜）装入梅森杯等密闭容器中，倒入白芝麻油至没过牡蛎，可于冰箱中保存2周左右。油渍牡蛎可直接食用，也可与柿子、芝麻菜拌制沙拉食用，还可搭配咖喱、水芹、香菜一起食用，十分美味。

烹饪笔记

大号的牡蛎看起来十分有满足感，放在梅森杯中腌制，看起来更为高档。如果有朋友邀请你去参加他的聚会，建议带一瓶过去。

专栏

ariko的用心之选

~零食篇~

如果是在家里吃零食，我更偏爱于朴素一些、温热的零食。此外，会选择食材健康、糖分较低的类型。

带馅面包

绵软的面包切片搭配足量的馅料！先尽情享受面包细腻的口感，如有剩余，第二天再拿来烘烤，又可品尝到酥脆的口感。推荐搭配黄油和马斯卡彭软奶酪食用。

薄烤饼

我非常喜欢APOC的薄烤饼，因为其质地绵软、麦香十足。此外，选用上等材料、自己精心烹制的薄烤饼十分适合作为礼物送给他人。

新鲜果冻
葡萄柚

与直接食用相比，做成果冻后的葡萄柚给人感觉更加新鲜。每逢中元节，我家都会制作这道甜品送人。这款零食可搭配酸奶和枫糖浆食用。

花生酱
颗粒花生酱

用千叶县的花生、北海道的甜菜糖、九十九里的盐制作而成的绝味花生酱。这款花生酱可以和浆果酱、香蕉一起做成三明治食用，也可在烹制棒棒鸡和担担面等料理时作为调味料使用。

蕨菜糕

绵软弹牙的口感、不是很甜且口味独特，品尝过这个蕨菜糕后，你对蕨菜糕的原本认知一定会被完全颠覆。本人非常喜欢这家的蕨菜糕，每次去镰仓必定会买一些回来。食用时撒上足量的豆粉和黑蜜。

加了和三盆糖的小豆汤粉——小仓小豆汤粉

加入了和三盆糖的小豆汤粉，增添了一种近似于虎屋（一家拥有近 500 年历史的日本糕点老店）甜点的高级感觉。店家还会搭配赠送小饼干，顾客可随时随地品尝美味的汤粉。包装十分可爱，当作礼物送人是个不错的选择。

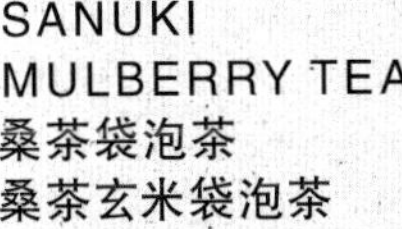

SANUKI MULBERRY TEA 桑茶袋泡茶 桑茶玄米袋泡茶

此茶的茶叶来自赞岐国的天然桑园，是由茶农人工一片片采摘下来的。新鲜的绿色茶叶甜中带香，与水果可谓绝配。由于不含咖啡因，孕妇与儿童亦可饮用。

番茶袋泡茶

我非常喜欢一保堂“焙煎番茶”的熏香味道，许是受了生长于京都的母亲的影响。此茶一般是在饭后饮用，亦可搭配简单的糕点饮用。现在有了袋泡茶，饮用起来更加方便了。

有机栽培番茄汁

儿子生活的旭川市有一座谷口农场，“有机君”牌番茄汁就是用那里栽培的有机番茄制作而成的。该番茄汁味道口感俱佳，喝上一口，仿佛咬了一口新鲜的番茄一般。我现在已经完全迷上了这种番茄汁。

单品咖啡

最近才开始注意到咖啡的美味。一位非常喜欢咖啡的友人推荐给我的 NOZY COFFEE 香气浓郁、非常美味，相信不管是谁品尝之后都会对其赞不绝口。

CHAPTER 3
WINTER SPRING 2015

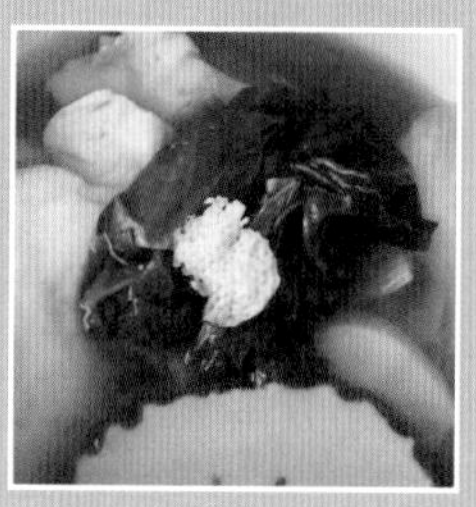

从外面回来，全身仿佛都被冻僵了，一进屋便闻到从厨房飘来的咕嘟咕嘟熬汤的香味，那将是一个多么幸福的场景。越是寒冷的早晨，越想准备一顿可以暖身的热乎乎的料理。此时，便是火锅料理大显身手的时候了，仅需备好食材便可轻松享受美味，十分方便。很多人在寒冷的清晨不愿起床，不过如果有热乎乎的早餐在等待他们，相信这些人也会精神不少吧。

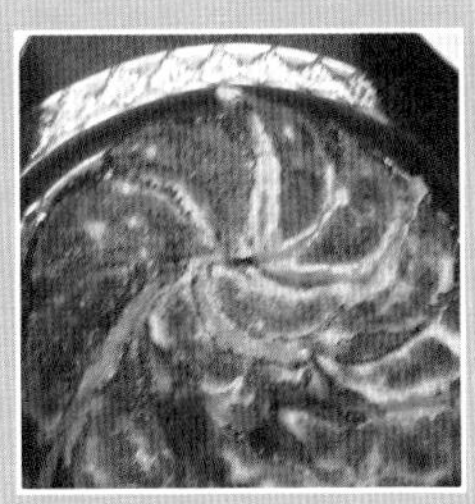

我家每逢新年都会吃这道料理

鸭肉蔬菜杂烩

我家每年新年的年节菜都在常去的饭店解决，自己做的只有杂烩菜。母亲教我的杂烩菜做法十分简单，材料仅需鸭胸脯肉和蔬菜泥（将煮熟的蔬菜过筛或是捣碎）。

蔬菜泥可以选择用于制作沙拉的香草，没有涩味、口感良好，非常适合烹制杂烩菜。如果没有蔬菜泥，可用焯水后的小松菜代替。用鲣鱼汤料包调制煮汤（略浓一些），倒入淡口酱油、盐调味，鸭胸脯肉切薄片放入锅中，待锅沸腾后立即放入蔬菜泥（每人一小撮），杂烩菜便做好了。将做好的杂烩菜连汤带菜一股脑倒入盛有烤年糕的碗中，上面放上一小块柚子皮便大功告成。

此外，我家每年大晦日*的晚餐都会吃鸭肉火锅，还会将火锅汤底作为蘸料，制作蘸食风格的迎新荞麦面，所以提前会到超市购买很多鸭胸脯肉。

*大晦日：日本人特别重视新年，把12月31日称为“大晦日”。

烹饪笔记

过新年时可提前多储备些鸭胸脯肉，用起来十分方便。如果有剩余鸭胸脯肉，可用盐稍稍煎一下，再撒上些柚子胡椒，便是一道很不错的料理。

美味十足

牡蛎焖饭

烹饪笔记

在充分品尝过刚出锅的热乎乎的焖饭后，还可以淋上些浇汁，换另一种口味。由于米饭已经充分吸收了香味，浇汁的味道可以稍淡一些，可用鲣鱼汤4杯、淡口酱油1小匙、盐1小匙调制浇汁。此外，将葱切细丝，过水冲洗干净后撒于焖饭上，非常适合在饮酒之后食用。

每当超市中开始售卖牡蛎之时，我一定会烹制这道牡蛎风味十足的焖饭。

牡蛎肉200～250g用盐水洗净，再用清水冲洗干净后倒入锅中，接着倒入酒1大匙、酱油2小匙，开中火煮2分钟左右，煮至牡蛎肉膨胀起来。将牡蛎肉和煮汁分开备用。煮汁中倒些鲣鱼汤调匀，合计约为350mL（A）。取2杯大米（360mL）洗净，用笊篱沥净水后倒入珐琅铸铁锅或是砂锅中，倒入A、清酒1大匙、盐1/3小匙、酱油1小匙，盖上锅盖开始焖制。先开稍强一些的中火，待锅沸腾后改为小火再焖12～13分钟，然后放入牡蛎，关火，利用余温继续加热10分钟左右便可出锅。食用时撒些鸭儿芹即可。用这种方法烹制出来的牡蛎肉质饱满，而且还能做出锅巴。

用新年剩余的鸭肉烹制而成

鸭肉南蛮荞麦面

如果年末买的鸭肉还有剩余，我就会用其烹制鸭肉南蛮荞麦面。

锅中泡好鲣鱼汤，然后倒入浓缩型面汤调制浇汁，鸭胸脯肉切薄片倒入锅中，开火将锅煮沸。大葱先切为4cm的葱段，然后再切成长条形倒入锅中。碗中盛入煮好的荞麦面，淋入鸭肉南蛮浇汁，最后再摆上一小块柚子肉即可。

“南蛮”意为放了大葱的东西。鸭肉的香味配上大葱的甜香味，使面汤的美味倍增。如果没有鸭肉，也可用鸡腿肉烹制这道料理，只不过鸡肉南蛮料理的口感要稍微清淡一些。此时，可先将鸡腿肉在煎锅中煎至表皮酥脆，再放入浇汁中，如此，浇汁的味道便会更加浓郁。当然，也可用乌冬面烹制这道料理。

吃腻和食时，不妨用西餐换换口味

鲑鱼拌葡萄柚

对于现代人来说，如果连续很长时间总是吃和食，便会开始怀念西餐的味道，比如过新年的时候。

此时如果家中还有剩余的熏鲑鱼简直是太幸福了。葡萄柚去皮后掰碎，紫洋葱薄片放入水中浸泡，将熏鲑鱼、葡萄柚、洋葱片一起放入碗中，淋入适量橄榄油，用手轻轻抓匀。无须再放其他调味料，仅葡萄柚淡淡的酸味和熏鲑鱼本身的咸味即可。

还有一道不错的料理适于换口味，也介绍给各位。洋芹切薄片，撒上盐稍稍腌制一段时间，然后将水挤净，与海胆罐头、鳄梨块混合到一起，淋入酸奶油和蛋黄酱搅拌均匀即可。如果再挤入几滴柠檬汁，便更能增添一份清爽之感。搭配蒜蓉面包片，便是一顿简单的晚餐。

用甲鱼汁*烹制出料亭风味

二草粥

整个新年期间（元旦至1月7日），人们都在享受各种美食。到了新年快结束的1月7日左右该让胃休息一下了，这时通常会食用七草粥，既可养胃又能体会到季节感，所以每次食用时我都十分高兴。在超市可以买到搭配好的七草，不过我家还是习惯自己烹制二草粥。

顾名思义，二草粥指的是放入了两种蔬菜烹制的粥，做法是先将小松菜和芜菁叶焯水，然后将其剁碎放入咸粥中。建议再放些京都“瓢亭**”风味的甲鱼汁，甲鱼汁口味浓郁，可以使整道料理口感更富于变化。甲鱼汁的做法如下，准备一小锅，将鲣鱼汁1杯、酱油3大匙、酒和料酒各1大匙倒入锅中煮沸，然后倒入水淀粉（由淀粉2小匙和清水1大匙调制而成）勾芡后即可出锅。将其淋入粥中，滋味十足。

*甲鱼汁：因其颜色与甲鱼背的颜色接近而得名，其中并无甲鱼成分。

**瓢亭：拥有400年历史的日本高级日式料理店。

牡蛎和柿子的完美结合

牡蛎柿子芝麻菜沙拉

本书介绍过“油渍牡蛎”（参照p73）的做法，我也常常会用其拌制沙拉，尤其是和柿子、芝麻菜一起拌制成的沙拉味道堪称绝妙。

牡蛎和柿子这两种食材结合到一起，有一种高级且有趣的感觉。如果没有油渍牡蛎，也可按照以下做法直接烹制牡蛎：选取5～6个大个儿牡蛎，用盐水清洗干净后，在煎锅中煎制片刻，直至牡蛎不再出水、表面变色。然后分别转圈淋入意大利果醋和牡蛎沙拉各1小匙，再放入蒜末（半瓣，剁碎）和白芝麻油，将所有食材搅拌均匀即可出锅。柿子去皮，切成适宜食用的大小，和烹制好的牡蛎、芝麻菜（2把）混合到一起，倒入意大利果醋2小匙、胡椒盐少许搅拌均匀，美味十足的沙拉便制作完成了。

烹饪笔记

如果没有柿子，可以用橙子、无花果拌制沙拉，也十分美味。感觉只要是甜口且口感软嫩的食材，应该都十分适合拌制此沙拉。

仅需一口锅便可烹制成的美味

涮肉乌冬面

新年之后，东京越发寒冷。儿子也快要参加大学统一入学考试了，万不可感冒，所以每天都会让他吃过热乎乎的早饭后再去预备学校。因此，做法简单的各式乌冬面料理便时常出现在我家早餐的餐桌上。

小锅烧热水，放入味精或是鸡精调制鲣鱼汤，然后倒入涮火锅用的猪肉，下入乌冬面，放盐，最后放入1小撮野油菜即可。盛入碗中，撒上青葱段，便可享受这道美味的涮肉乌冬面了。也可依据个人喜好放些食用辣油调味。

其实即使不用味精或是鸡精调制鲣鱼汤，仅依靠猪肉和鲣鱼汤便已足够美味。

利用年糕增量

力乌冬面

想做给两人吃，但是打开冰箱后却发现只有1人份的乌冬面了。此时，便可求助于冬天常备的年糕。

做法与平常一样：准备一口小锅，倒入鲣鱼汤，鸡胸肉用斜刀片下肉片，倒入锅中煮熟。用浓缩型面汁和盐调制面汤，调好后下入乌冬面和烤年糕，然后放入冰箱中储存的过新年时剩下的鱼糕和伊达卷，再放入煮好的鸡肉、斜切的葱段，再摆上焯水菠菜，这道什锦乌冬面风味的力乌冬面便做好了。

因为放入了年糕，所以即使只有1人份的乌冬面也不觉得少。此外，由于只有一半的乌冬面，所以容器也要选择比平常略小一些的碗。建议家中准备一套小号的碗，在只想吃少量盖饭和面食的时候十分方便。

CHIANTI风味

牛肉抓饭

在工作没做完，没有过多时间烹制晚餐时，我常常会根据冰箱中现有的食材烹制一道简易料理。这道牛肉抓饭便是代表之一。这道料理的灵感来源于我年轻时在“CHIANTI”餐厅中吃过的牛肉抓饭。那道牛肉抓饭十分美味，给我的印象很深刻，于是我便仿照着那个味道尝试着烹制出了这道抓饭，虽说应该与CHIANTI的牛肉抓饭相差很远，不过也很成功，儿子给出的评价很高。

牛肉上撒胡椒盐，煎锅烧热放橄榄油，将蒜爆香，下入牛肉将两面快速煎一下，然后用铝箔纸包好，在炉灶旁放置5分钟左右，将牛肉取出后切成适于食用的大小。同一煎锅中放入黄油加热熔化，放入蒜末（剁碎）和洋葱碎翻炒片刻，加入我最喜欢的蘑菇，用胡椒盐和清汤颗粒调味，再倒入米饭，将所有食材翻炒均匀。然后将牛肉倒回锅中，淋入少许酱油，这道牛肉抓饭便烹制完成了。装盘，最上面摆上煮鸡蛋，撒上荷兰芹即可。

烹饪笔记

做煎牛排时可以依据个人喜好选择任何部位的牛肉，可以选上腰肉，也可以选全是瘦肉的牛臀肉。建议使用雪花牛的上腰肉，因为其不容易煎出肉汁，可以很好地锁住肉的美味。

ariko随笔

常常有人说我，你那么忙，哪有时间买菜啊。确实，我的工作很多，回家的时间也不定，所以通常都是在工作的间隙或是回家的路上抽空买。比如说，我经常会随身携带大号保温袋，在赶往下个会面地点前将东西买好。

一般情况下，会根据当日的天气以及家人的身体状况决定当天的菜单。但是大多数情况下，即使之前想好了要买哪些食材，以便可以和冰箱里剩余的食材搭配使用，可一旦看到超市里有打折的商品，就很容易突然改变主意。如果实在没什么时间做饭，我就会买块牛排，搭配上家中剩余的食材烹制一道简易的料理。

此外，由于常常晚到家没时间做晚饭。我便会拜托先生去买食材。但是先生买回来的食材基本上也只能烹制出“猪肉火锅”“泡菜火锅”“意面”“红白小碟沙拉（Caprese）”以及“米兰风味肉排*”这5种类型的料理。虽说如此，已经帮了我很大的忙了。

*米兰风味肉排：一种用大量黄油翻炒带骨小牛肉的料理。

热水生煎

脆皮煎饺

我比较喜欢吃刚出锅的煎饺，所以都是自己在家煎。但是我又没有时间自己准备馅料包饺子，所以常常是从附近的商店买回来现成的饺子直接煎。只不过煎的方法有讲究。

准备一口小号的不粘煎锅，淋入橄榄油，将冻饺呈放射状整齐摆于锅中，中间也要摆满，不要留空隙。开火煎制片刻，待锅中发出吱啦吱啦的声音后，注入热水，高度至饺子的一半即可，盖上锅盖焖烧一段时间，直至锅中没有多余的水，再次发出吱啦吱啦的声音。拿一个盘子扣在煎饺上，然后将整个锅反扣在盘子上，揭开锅，外皮焦黄、酥脆的煎饺便大功告成啦。

烹饪笔记

不知道为什么，我吃饺子的时候也会想吃蛋黄酱，所以时常搭配土豆沙拉一起食用。此外，还可以搭配凉拌豆腐，做法是将明太子、蒜末（擦碎）、酱油少许、芝麻油混合搅拌均匀，然后码在豆腐块儿上。

回归基本

火腿鸡蛋套餐

终于到了大学统一入学考试当天的早上。平日的早餐多为简易的盖饭或是面食，而这天我会花很长时间烹制米饭配鸡蛋火腿和味噌汤，以免儿子在长时间的考试中肚子饿。

我会配合考试时间调整前晚的入睡时间以及当天的起床时间，印象中还尝了尝刚焖好的米饭的软硬程度。味噌汤的做法是母亲教给我的，锅中倒入芝麻油，放入胡萝卜丝炒熟，注入鲣鱼汤，放入味噌搅匀。用芝麻油炒胡萝卜，可以充分引出胡萝卜的美味。此外，我还会搭配一道用明太子和晚菊腌制的小菜。记得当时儿子很平静地吃了早饭，还添了一碗米饭，这才让我松了一口气。

仅需简单混合拌制即可做出

明太子马斯卡彭软奶酪

谢天谢地，考试的第一天总算顺利结束了，碰巧这天也是儿子20岁的生日，所以为他准备了简单的生日庆祝晚餐。

经过了一整天的考试，他一定很累了，所以我特意准备了略带酸口的料理。有用熏鲑鱼和葡萄柚拌制的腌汁凉菜，还有一道用四季豆、蘑菇和水芹拌制的凉菜。主食是蒜蓉面包片搭配一碗明太子马斯卡彭软奶酪。

明太子马斯卡彭软奶酪的做法很简单，准备一个小碗，舀入3～4大匙马斯卡彭软奶酪，明太子一条，去皮后倒入碗中搅拌均匀即可。无须其他调味料，明太子本身的味道就足够美味。也可依据个人喜好适当增加明太子的分量。用面包蘸取明太子和奶酪食用，味道很特别，百吃不厌。

因为好评所以第二天又做了的料理

米饭煎蛋套餐

长时间的考试十分耗费体力，而米饭可以提供足够的能量，所以考试第二天的早餐仍然准备了米饭味噌汤套餐，搭配的是培根炒圆白菜和煎蛋。

做法非常简单，唯一的要点是圆白菜在炒之前，要在水中泡一泡，而且要用手撕，不要用刀切。味噌汤使用的是儿子非常喜欢吃的番茄和洋葱。出乎意料的是，番茄与味噌很搭配。锅中放入鲣鱼汤加热，再放入洋葱薄片煮至沸腾，然后放入味噌搅匀，接着放入番茄再煮2分钟即可出锅。煮2分钟就够了，切记煮的时间不要过长。再搭配上切碎的京都特产“贺茂菜咸菜”和“山椒海带干”，这道爱心套餐便大功告成了。

烹饪笔记

“贺茂菜咸菜”是用鸭川附近采摘的贺茂菜腌制而成的京都传统腌物。此腌物富含乳酸菌，口感酸爽，是京都冬季特有的味道。我家比较喜欢食用剁碎的贺茂菜咸菜，而且这种也更容易买到。

满满生姜、热气腾腾

乌冬蛋花汤面

大学统一入学考试终于结束了，又回到了往常一样的日子。今天开始儿子又要开始去预备学校学习。许是经过了两天长时间的考试很累了吧，从不睡懒觉的儿子难得地不想起床。而且今天也更冷了些，这时就应该来一碗热腾腾的乌冬面。

与往常一样，如果是1人份的话，锅中需要倒入50mL的浓缩型面汁，然后倒入400mL的鲣鱼汤将其稀释，撒少许盐调味。面汤煮沸后，下入乌冬面和片好的鸡胸脯肉片。待乌冬面煮好后将其捞出盛入碗中备用。调制水淀粉（淀粉、清水各1大匙）倒入锅中勾芡，然后淋入蛋液打出蓬松的蛋花。将做好的蛋花汤淋入盛有乌冬面的碗中，上面可多撒些生姜末（擦碎），因为姜末可以起到暖身的作用。最上面再撒些鸭儿芹、青葱末、柚子皮碎屑等配料，这道热乎乎的乌冬蛋花汤面便做好啦。

用清新爽口的柚子胡椒拌制而成的

鸡胸肉拌西芹

每年这个时节，火锅料理出现在餐桌上的频率便会大大增加，因为不仅做法简单，而且还可暖身。不过在火锅上桌之前，我还是会准备2～3道料理作为前菜食用。今天做的就是这道鸡胸肉拌西芹。

锅中放适量水，待水沸腾后加入适量盐，转为小火的同时将鸡胸肉倒入锅中，焯20秒左右将其捞出并浸入冰水中。将鸡肉表面擦拭干净后斜刀片成片，和同样斜刀切片的西芹倒入容器中，淋入料汁搅拌均匀即可。

料汁是由混合了柚子胡椒的柠檬汁、少许盐和橄榄油混合搅拌而成。此料汁柚子胡椒味道十足，既可以用于拌制日餐，也可以用于拌制西餐，味道都很不错。

稍显豪华的

牛排盖饭

即使餐桌上只有一道料理，但如果是牛排盖饭，男孩子就会很高兴的。而且，这道稍显豪华的牛排盖饭烹制起来也不怎么花时间，非常省事。

上腰肉也好，牛臀肉也行，总之可以选择自己喜欢的任意部位。先将牛肉煎熟，用铝箔纸包好放于炉灶旁放置一段时间，然后切薄片备用。另取一口锅，锅中放入黄油加热熔化，任意选择3～4种自己喜欢的食材倒入锅中翻炒，如洋葱、扁豆、丛生口蘑、辣椒粉等皆可，最后撒入胡椒盐调味。将刚蒸好的米饭盛入盘中，码上炒好的食材，最上面摆上牛肉，再淋上沙司便大功告成了。

沙司有着点睛的作用，非常关键，其做法如下：酱油和料理按1：1的比例调匀倒入小锅中，下入洋葱末（擦碎）和蒜末（擦碎）煮至沸腾，出锅前放入黄油和黑胡椒搅匀，如此，一种极富冲击力的沙司便制作成功了。

烹饪笔记

与牛排盖饭搭配，仅需沙拉和味噌汤就足够了。沙拉可用莴苣和黄瓜简单拌制而成，口感清爽，与牛排盖饭是绝配。

一道让你更加喜爱番茄的料理

番茄纳豆

我家人都非常喜欢番茄，喜欢到无论烹制任何料理，都会放些番茄在里面。在所有番茄料理中，最简单也最想推荐的就要数番茄纳豆了。这种做法源自我的母亲，她生长于关西地区，不喜欢纳豆，所以想到了这种吃法。加了番茄之后，中和了纳豆原本的味道，口感也更加温和了。

将纳豆附带的酱汁和芥末倒入纳豆中搅拌均匀。番茄放入开水中烫一下，去皮去籽后切成小块，倒入纳豆中拌匀，如此美味的番茄纳豆便做好了。番茄的酸甜味包裹着纳豆和酱汁，不仅使纳豆增添了一抹清爽之感，还大大提升了纳豆的美味。将番茄纳豆倒在米饭上，上面再撒些葱花或是蘘荷等配料，一口下去，相信你绝对会爱上它。如果多放些芥末，便是一道口感非常刺激的料理。

既可做下酒菜又可配米饭

金枪鱼拌鳄梨

虽说冬天食用根菜类料理更有季节感，比如很有嚼劲且热乎乎的芜菁炒猪肉、油炒藕片等，但如果有一道新鲜的刺身料理，想必更能刺激食欲。金枪鱼拌鳄梨是一道不分季节，可一年四季皆作为前菜食用的料理。

将从超市买来的长条形金枪鱼切小块儿，用芥末酱油和芝麻油拌制之后，和同样切块的鳄梨放入容器中，多撒上一些葱花，这道可口开胃的料理便做好了。如果有岩盐的话，建议在最后撒上一些，可增加料理的口感，让人百吃不厌。这道料理用途很广，既可以当作下酒菜直接食用，也可倒在刚煮好的米饭上当作鱼肉盖饭食用。

热气腾腾，适合做下酒菜

猪肉豆腐

在雨雪交加、人都仿佛要被冻僵的冬日，如果能吃上一碗热气腾腾的汤料理，简直可以说是幸福至极。

走到银座的尽头，拐入一条小胡同后，有一家叫作“三州屋”的料理店，他家的鱼料理和套餐非常有名。这道猪肉豆腐就是以三州屋的著名料理——鸡肉豆腐为原型烹制出来的。由于冰箱中只有猪里脊肉肉片，所以就用猪肉代替鸡肉来烹制这道料理了。

准备一口小锅，倒入鲣鱼汤3杯，开火加热。猪肉片卷成卷儿，下入锅中。接着放入盐1小匙、酒1大匙、淡口酱油2小匙调味，味道需比高汤稍稍浓一些。然后放入豆腐、金针菇和韭菜，待锅沸腾后即可出锅装盘。就着由橙醋、葱花和辣椒粉调制而成的蘸料食用，仿佛整个人都被温暖包裹了。

在三州屋，这道料理是作为套餐中的鲣鱼汤食用的，非常美味。冬季外出后，来上一碗，绝对可以由内暖到外。

韭菜成就的别样风味

麻婆豆腐

说到与白米饭搭配食用的麻婆豆腐，我们家更喜欢吃不是那么辣的麻婆豆腐。

如果是1块绢豆腐，大约需要猪肉馅150g。准备热水1杯，将鸡精化开，接着放入酱油2大匙、绍兴酒2大匙、牡蛎沙司1大匙、砂糖1小匙，将所有材料搅拌均匀备用。炒锅放油烧热，放入蒜末（剁碎）、生姜末（剁碎）各1小匙爆香，接着放入豆瓣酱1～2小匙、豆豉1小匙翻炒片刻，放入猪肉馅继续翻炒，直至将猪肉炒散、炒干。然后倒入之前调好的料汁炖一段时间。绢豆腐沥净水、切成小方块，待锅沸腾后下入锅中，再撒入一小撮剁碎的葱花。淋入水淀粉勾芡，接着转圈淋入芝麻油，最后撒上韭菜，这道别具风味的麻婆豆腐就做好了。

烹饪笔记

最近特辣风味的麻婆豆腐备受人们追捧。但是我家都觉得还是加了牡蛎沙司的不那么辣的麻婆豆腐与米饭更搭配。

蔬菜多多
汤面

午饭我常常会做放入了各种蔬菜的汤面。从超市买来现成的湿面，便可很快速地做出一道汤面。蔬菜可依据个人喜好自由搭配组合，比如圆白菜、白菜、胡萝卜、洋葱、豆芽、韭菜等，想选几种就选几种。

蒜丝和生姜丝下入炒锅中爆香，放入猪肋条肉炒熟，然后放入各种蔬菜继续翻炒。撒少许盐，注入热水，水量要比包装袋上标注的分量稍多一些，接着倒入随面附带的鲣鱼汤，再放入少量味精，最后滴入几滴芝麻油即可。先将煮好的面盛入碗中，再连食材带鲣鱼汤一起淋在面上，这道蔬菜多多的汤面便做好了。

放了香味蔬菜

肉糜沙司

我家做的肉糜沙司有一大特点，那就是放入了大量的香味蔬菜。其中西芹可以起到很棒的提味作用。

如果是500g肉馅，则应准备洋葱1个、西芹1棵、胡萝卜1根、蒜1瓣，将上述所有蔬菜剁碎备用。锅中淋入橄榄油，倒入蔬菜翻炒15～20分钟，炒出香味。然后倒入肉馅继续翻炒一段时间，待将肉馅炒至变色，倒入红酒半杯继续翻炒，直至将酒精炒至完全挥发。再放入水煮番茄罐头1罐、番茄酱2大匙、清汤2杯（用热水化开的清汤块）、胡椒盐、罗勒叶1片、肉豆蔻和百里香，炖1小时候左右，这道放了大量香味蔬菜的肉糜沙司就做好了。另置一口锅，开火加热，倒入肉糜沙司和刚煮好的意面搅拌均匀，撒上少许帕尔玛干奶酪即可。

烹饪笔记

可以一次性多做一些肉糜沙司备用，因为肉糜沙司用途很广，可以用于烹制各种料理。最简单的吃法是抹在面包片上，再放上煮鸡蛋和熔化了的奶酪，然后放入烤箱中烘烤后食用。

腌泡风味

腌泡金枪鱼

金枪鱼有很多种吃法，提前买一整块放在冰箱中，使用起来就更方便。金枪鱼可与鳄梨拌制夏威夷风味鱼料理，也可以将其浸入酱油做成腌渍风味鱼料理，还可以稍稍煎制做成鱼排。

这里要给大家介绍的是一道通过盐和砂糖去掉鱼肉中的水分，使其美味浓缩于肉中的腌泡风味鱼料理。这道料理没有鱼腥味，即使不怎么喜欢吃生鱼的人也可以尝试一下。

盐和砂糖各半小匙倒在一起拌匀，均匀洒在金枪鱼肉上，放入冰箱中腌制20分钟。然后将金枪鱼取出用清水冲洗干净，并用厨房用纸吸干鱼肉上的水，在鱼的表面薄薄涂一层白芝麻油，用保鲜膜将其包好备用。食用前将保鲜膜撕掉，放入煎锅中将各面煎至变色。将煎好的鱼肉片成片，整齐摆在盘中，撒上葱花，倒入橙醋和颗粒芥末酱，淋上酱汁，这道美味的腌泡风味金枪鱼就做好了。

用油渍牡蛎烹制而成

牡蛎水芹咖喱

午餐我偶尔会去位于惠比寿的咖喱屋“sync”解决，他家的牡蛎水芹咖喱十分美味，我一直想自己尝试着做一下。正好之前做过一罐油渍牡蛎，所以就试着用油渍牡蛎仿着sync的味道烹制出了这道料理。虽说不是那么正宗，但是味道真的非常不错。

可以用剩余的咖喱，也可以用袋装咖喱（已经和食材混合烹制好的咖喱），总之选择食材少一些的咖喱浇在米饭上，然后放入油渍牡蛎，再撒入大量水芹碎。建议将煮鸡蛋对半切开摆在上面，可以使整道料理看起来更丰富。

这道咖喱饭最宜搭配腌泡豆芽食用，清淡爽口，十分美味。腌泡豆芽的做法如下：豆芽在热水中焯一下，趁热与生姜丝、胡椒盐、酒醋、橄榄油拌匀即可。关键是拌制之前要将豆芽的水分挤净，这样才能保证口感。

可营造欢庆气氛的料理

梅干鲷鱼饭

我经常和朋友去一家和食店吃饭，每次都会点鲷鱼饭作为最后一道料理，这道鲷鱼饭不仅卖相极佳，还十分美味，让人恨不得再多吃几碗。

当然，这家店使用的是更加高级一些的马头鱼，不过我也询问过店家，是否可以用普通的鲷鱼刺身烹制这道料理，得到的答案是肯定的，所以也就有了本书中的这道鲷鱼饭。但是在烹制的时候有两点需要注意，一是鲷鱼需焯水后再用，二是要用梅肉作为秘密调料。只要做到这两点，便能烹制出一道爽口美味的鲷鱼饭。

鲷鱼鱼块2块，用盐将整个鱼身抹匀，腌10分钟左右。拭净水分后置于滤网上，淋入热水焯一下。大米2杯淘洗干净后倒入砂锅中，注入清水360mL，倒入盐半小匙、酒1大匙、酱油少许，将鲷鱼鱼块摆在上面，撒入梅肉2小匙，盖上盖子中火焖制。待锅沸腾后转小火继续焖13分钟，关火后再焖5分钟，这道香喷喷的梅干鲷鱼饭便做好了。

烹饪笔记

加了梅肉的鲷鱼饭呈淡红色，非常适合喜庆的场合。上桌前将鱼皮和鱼刺挑出。此料理口感清爽，十分美味，相信你也一定会想要多吃一碗。

用小沙丁鱼提味

雏叶芥炒饭

儿子非常喜欢这道雏叶芥炒饭，不仅早饭、午饭会吃，有时外出时带便当也会带这道料理。

鸡蛋2个打散，然后往蛋液中倒入2碗米饭，盐半小匙调味，将鸡蛋和米饭搅拌均匀，使蛋液充分挂在每粒米上。炒锅中热色拉油，倒入搅匀的蛋液和米饭，中火加热片刻，注意此时先不要搅拌。待蛋液稍稍凝固时再开始翻炒，接着倒入剁碎的雏叶芥和小沙丁鱼各1小撮、鸡精1小匙、撒入胡椒粉、放入剁碎的大葱1撮，快速翻炒所有食材，如此，一道香喷喷的雏叶芥炒饭便做好了。只要掌握了这种方法，便可炒出粒粒松散的炒饭，再也无须担心炒饭会成团了。

用番茄提味的腌菜盖饭

番茄腌金枪鱼盖饭

我偶然间在一档电视节目中看到，腌金枪鱼中放些番茄会更美味，作为一个非常喜欢吃番茄的人，怎能不尝试一下，所以马上试着烹制了这道料理，果真非常美味。

调味酱油和酱油各1大匙混合到一起搅匀，倒入芥末泥2小匙，搅匀后淋入香油1滴调成酱汁。金枪鱼瘦肉200～250g切成适宜食用的大小，放入酱汁中腌制5分钟左右。锅中烧开水，将番茄1个放入锅中焯一下，去皮去籽后切为适当大小的番茄块，鳄梨1个切同样大小的块，将番茄块与鳄梨块倒入酱汁中与金枪鱼块搅匀，然后一起倒在盛有米饭的碗中，上面再撒上葱花，这道用番茄提味的腌金枪鱼盖饭便大功告成。

番茄与酱油很搭配，放入了番茄之后，不仅使腌菜盖饭更加美味，而且还多了一份清淡之感。

颇具特色的料理

菲律宾蛤仔汤面

到了初春时节，菲律宾蛤仔变得愈加美味，因此，每年此时，我都会烹制这道颇具特色的菲律宾蛤仔汤面。

将生姜和蒜切片，小辣椒去籽后切小段，洋葱斜刀切片备用。炒锅烧热，倒入芝麻油，将上述切好的食材依次倒入锅中翻炒，炒出香味后倒入洗净的菲律宾蛤仔450g，快速翻炒将所有食材炒匀。注入清水4杯（2人份）熬一段时间，待菲律宾蛤仔开口，放入小番茄和4cm长的青葱段，然后倒入泰国鱼酱2大匙和适量胡椒盐调味，如此，菲律宾蛤仔汤就熬好了。中华面煮熟，盛入容器中，将熬好的汤浇在面上，这道美味十足的菲律宾蛤仔汤面就做好了。食用前挤上几滴柠檬汁即可。

如果有精力，还可以将洋葱丝过水焯一下后摆在最上面。此外，撒上些香菜，也十分美味。

烹饪笔记

只要将汤做好，与之搭配的面可随意选用。除了中华面等干面外，还可以用虾面、稻庭乌冬面烹制这道料理，此时，做出的汤面便有如越南米粉一般的口感。建议家中常备一些面类食材，用起来很方便。

肉皮香酥

香煎鸡肉

如果将鸡腿肉煎得金黄香酥，即使没有特别的沙司，也十分美味。

将鸡腿肉的筋切断，去掉黄色的油脂，表面撒上盐和花椒，放入密封袋中，接着往袋中放入蒜泥（捣碎）和迷迭香，淋入少许橄榄油，将密封袋封好，腌一段时间。放入冰箱中可保存4天，建议一次性多做出来一些，这样用起来也比较方便。

将腌好的鸡腿肉放在煎锅或是铸铁横纹煎锅上，上面压上一个大方盘或是烧烤压板（Grill Press），用稍弱的中火慢煎，直至将鸡皮煎至酥脆。翻面煎另外一面，待鸡肉熟透后盛入容器中，旁边摆上柠檬和颗粒芥末酱。香煎鸡肉可与蒜香辣味意大利面等比较简单的意面搭配食用，十分美味。

烹饪笔记

要想将鸡肉煎至酥脆，火候十分关键。大火容易焦煳，所以一定要用稍弱的中火慢煎。

想大量食用蔬菜时就来这道

梅子风味水煮菜

每当我感觉蔬菜摄入不足时，就会烹制这道放入了各种蔬菜的水煮菜。

将小松菜、西蓝花、绿笋、荷兰豆等绿色蔬菜在热水中焯一下后捞出备用，焯的时间不要过长，要保持稍硬的状态。锅中倒入鲣鱼汤3杯、盐1小匙、酒1大匙、酱油2小匙调匀，尝一尝，味道以略咸为宜。梅干2个撕碎后放入锅中。接着将焯好的蔬菜趁热倒入锅中。待食材冷却下来，便可开始享用这道梅子风味水煮菜了。

这道料理满满的绿色，可以装点餐桌，而且能吃到如此多的蔬菜，对身体的好处也是不言而喻。由于放入了酱油，时间一长便会变为褐色，因此建议趁着蔬菜还是绿色的时候就将其吃完。无须将上述提到的蔬菜都备齐，有哪些就用哪些即可。这种西蓝花的食用方式也很特别。

让人欲罢不能的美味

番茄火锅

日本有一家叫“婆娑罗”的和食屋，他家有一道非常有名的放入了番茄的火锅，十分美味。我的这道料理就是仿照着婆娑罗的番茄火锅烹制而成的，如今已成为我家最常吃的火锅。

洋葱竖着对半切开，与纤维成直角将其切成1.5cm宽的条备用。火锅中倒入橄榄油，放入蒜片炒出香味。倒入切好的洋葱，注入火锅汁*煮一段时间，直至将洋葱煮软。番茄切稍大一些的半月形，下入锅中，接着即可下入牛肉，撒上罗勒叶。待牛肉稍稍变色，便可将其捞出蘸取蛋液食用。最后以意面收尾。待将锅中所有的菜都吃完后，将锅中剩余的汤汁煮沸，倒入红酒100mL，待酒精蒸发后放入番茄沙司继续加热一段时间，待锅中汤汁变黏稠后下入意面，意面煮好后撒上帕尔玛奶酪即可食用。

*火锅汁：在鲣鱼汤中加入酱油、料酒、白糖等调制而成。

烹饪笔记

最好选用甜中微微带着些辣味的番茄，1人份需要大号的番茄1个半左右。火锅汁可到超市购买，选择自己喜欢的口味即可。

用颗粒芥末酱调味

四季豆蘑菇沙拉

我一直在料理研究家井上绘美老师那里学习烹制料理。在那里，我学到了颗粒芥末酱调味汁的调制方法，以及用这种调味汁拌制的蘑菇沙拉，十分美味。所以我在家也常做颗粒芥末酱调味汁来拌制沙拉，并进行了小小的改动，于是便有了这道四季豆蘑菇沙拉。

将颗粒芥末酱2小匙、酒醋1大匙、酱油1小匙、胡椒盐、橄榄油3大匙混合到一起搅拌均匀，调料汁便调好了。水芹切4cm长的小段，四季豆在盐水中焯一下，同样切为4cm长的小段。蘑菇切薄片。先将四季豆和蘑菇倒入碗中，再倒入颗粒芥末酱调味汁拌匀，最后放入水芹搅匀。

由于放了酱油，沙拉的口感更加浓厚，是一道可作为下饭菜食用的沙拉。

烹饪笔记

应先将四季豆和蘑菇用调味汁拌匀，再放入水芹，这样调味汁才会均匀地挂在食材上。

最先感受初春的气息

鳀鱼爆炒荧乌贼蚕豆

刚上市的蚕豆质地软嫩，直接清炒已是十分美味，配上形状可爱的荧乌贼，不仅更加美味，还能感受到春天的气息。

蚕豆去皮，荧乌贼下入热水中煮熟，摘掉比较硬的眼部。平底锅冷锅倒入橄榄油、蒜末（1瓣，剁碎）、鳀鱼肉片3片，开火翻炒片刻，直至将鳀鱼肉片炒散、炒出蒜香。放入蚕豆用中火继续翻炒。待蚕豆边缘变透明，下入荧乌贼和香芹碎，接着倒入胡椒盐调味。如此，这道充满初春气息的料理便做好了。这是一道别有风味且很配白葡萄酒和啤酒的下酒菜。

专栏
我喜欢的烹饪用具

用起来方便的才是最好的。选择厨房烹饪用具时，
我会更看重它的功能而不是样式，更喜欢功能强大且样式简单的用具。

Microplane 刨丝器

要想像西餐厅那样将帕尔玛奶酪、柠檬皮擦出蓬松感，就需要使用这款刨丝器。做工非常精致，使用起来十分顺畅，不会发生堵塞。

竹制萝卜擦丝器（鬼擦丝器）

终于买到惦记很久的竹制鬼擦丝器了。这款擦丝器的外形看起来有点像刑具。虽说使用的时候需要用些力气，但是粗一些的擦丝器可以防止擦萝卜时萝卜中的水分流失，擦出的萝卜丝很是美味。

圆白菜刨刀

使用此刨刀可以轻松地将圆白菜刨出像炸猪排店里的一样蓬松的菜丝。半颗圆白菜很快就可以刨完。而且样式简单，也很好收纳。

硅胶抹刀

建议除了正常大小的抹刀之外，再准备一个小号的硅胶抹刀。这样，在将奶油状的调味料舀入锅中或是碗中之时，或者将果酱和蜂蜜从瓶中舀出之时，都会方便许多。

拉链密封袋

这是我在纪之国屋找到的他家自制的密封袋。它通过拉链开合来密封，上面还有纪之国屋的 logo（标志）。虽说不大但是用途很多，使用起来也很方便。

全铸铁横纹煎锅

这款 MEYER 公司生产的铸铁横纹煎锅，不仅可以用来烹制肉类和蔬菜，还可以制作面包。还配有耐热玻璃制的烧烤压板，可以轻松烹制出好看的烧烤花纹，使用起来十分方便。

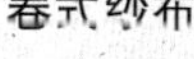

卷式纱布

有一次去 TOKYU HANDS（连锁超市）买东西时，发现了这个卷式纱布，就买来将它摆放在蒸笼的旁边。使用方法和保鲜膜一样，可以根据实际需要截取适当的长度，使用起来非常方便。

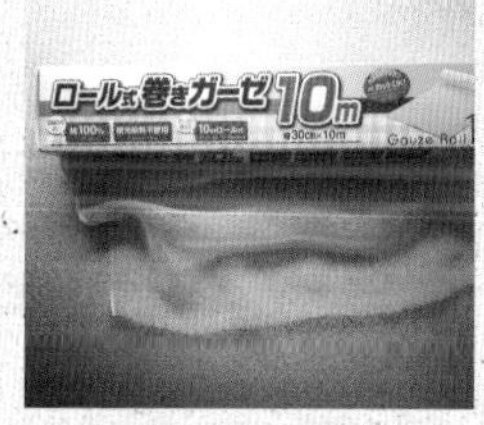

带嘴砂锅

我现在最常用的砂锅就是这款伊贺烧土乐窑的带嘴砂锅，此砂锅色泽光亮、外形美观，只看一眼就喜欢上它了。这款砂锅不仅可以烹制火锅，还可以焖饭、炖菜、蒸菜等，一整年都能派上用场。

铝制乌冬面火锅用锅

此款铝制槌目印锅*锅体较轻，不仅可以用来烹制乌冬面火锅，还可以用于烹制涮锅、泡菜火锅等无须长时间炖煮的火锅料理，使用起来十分方便。

*槌目印锅：一种经过捶打的加热用锅。内侧带有无数凹陷，增大了锅内的面积，可使食物受热均匀。

中式蒸笼

因为我家没有微波炉，所以要想加热冰箱中的米饭或是其他食物时，就需要用到蒸笼。除此之外，还可用于清蒸各种蔬菜和肉类料理。建议买个小一些的蒸笼，使用起来更方便。

CHAPTER 4
Spring Summer 2015

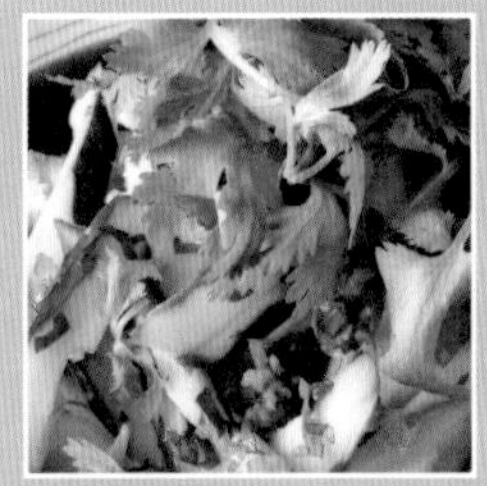

当超市开始摆上各种新鲜且色泽鲜艳的蔬菜时，便更能深切地感受到春季的到来。不知是何原因，到了春天，就会想食用大量的蔬菜。要想充分享受蔬菜的新鲜美味，烹饪方法越简单越好。到了夏天，就需要准备大量香味蔬菜作为调味料使用。由于我非常喜欢香菜，近乎达到了迷恋的程度，所以也在各种料理中充分发挥了香菜的作用。

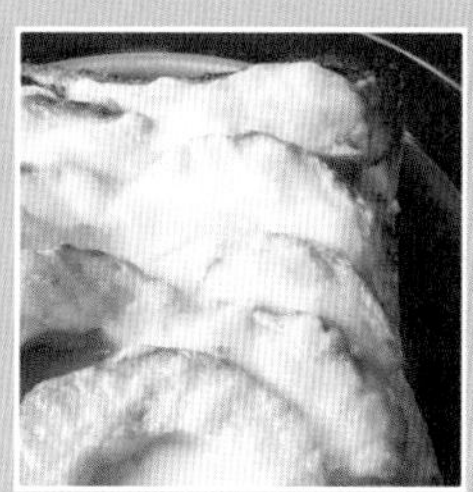

所有我做的料理中，这也许是儿子最爱吃的一道

鲣鱼冷制意面

这道料理是以井上绘美老师的菜谱为原型烹制出来的，我每次问儿子想吃什么的时候，他一定会点这道料理。也许对儿子来说，这道料理就是所谓的母亲的味道吧。

锅烧热放橄榄油，倒入蒜末（1瓣，剁碎）翻炒，炒至蒜末香味四溢、变酥脆，放置一旁待其冷却备用。香葱剁碎后取1大匙放入碗中，接着放入香醋2大匙、盐1小匙、胡椒，将所有食材搅拌均匀，然后倒入蒜香橄榄油调制成沙司备用。将细意面150g煮熟后过冷水，这样意面会更加筋道。沥净水分后用少量沙司拌一拌，盛入盘中。剩余的沙司用来拌制鲣鱼，将鲣鱼（小一些的鲣鱼，鱼身一半的量）刺身切成1cm的鱼块，倒入沙司中搅匀，码在意面上，再撒些罗勒叶碎，这道美味的鲣鱼冷制意面便做好了。

烹饪笔记

从做法来看，这道料理更偏向于前菜，而且是4～5人份，不过正在长身体的男孩子胃口都比较大，也可将其作为主菜食用，一个人就可吃得精光。

ariko随笔

收集烹饪书籍是我的一大爱好，目前为止，我已收集了不下150本。所有的烹饪书都按照作者进行分类，收藏于散落在家中各处的书架上。只要有时间，我便会去料理书籍较丰富的大型书店，看看是否有新书上架，还会在亚马逊上购买与我要好的料理老师的新书。

对我来说，休息日的午后，一边悠闲地远眺，一边思考下顿饭要做什么，是最幸福的事情了。

小学3年级的时候，我收到了人生中第一本儿童糕点书。至今仍记得当时一边看书一边做蛋奶布丁和曲奇时那种兴奋的心情。

制作糕点时须严格按照菜谱来，否则就会失败。但是烹制料理就不一样了，菜谱归根结底只是一种参考，可结合每家的喜好进行调整。比如喜酸的话，就可以多放一些醋；还可以尝试用各种不同食材烹制同一道料理。也就是说，我们应该活用烹饪书，这样，才能发挥它最大的价值。

百吃不厌的美味

起司胡椒意面

这是一道由蒜香橄榄油、帕尔玛奶酪、黑胡椒烹制而成的意面。顾名思议，主要配料为奶酪和胡椒，十分朴素简单，但是却也十分美味。

平底锅烧热放橄榄油3大匙，倒入蒜末（1瓣，剁碎），用稍弱的中火翻炒片刻，直至蒜末变色、炒出香味，关火备用。另置一锅烧热水，水开后下入意面，比包装袋上标示的时间提前3分钟将意面捞出。取煮意面的面汤1/4杯倒入平底锅中，开中火调匀，倒入意面，将意面和沙司搅拌均匀。待沙司充分裹在意面上、意面加热至断生状态时即可盛出装盘。上面多撒些帕尔玛奶酪和黑胡椒，这道百吃不厌的起司胡椒意面便做好了。

烹饪笔记

意面在和其他沙司拌制的时候也是同样，可比包装袋上标示的时间提前 2~3 分钟将意面捞出，然后倒入盛有沙司的锅中，边加热边搅拌。这样，就可轻松烹制出口感最佳的断生状态的意面。

清爽的早春之感

凉拌圆白菜丝

早春刚上市的圆白菜颜色新鲜、叶片软嫩，洋葱也还不太辣，我便会买来这两样食材烹制这道凉拌圆白菜丝。

圆白菜切3cm左右的细丝，洋葱同样切细丝，将圆白菜丝和洋葱丝倒入碗中，撒上少许盐腌一段时间，待两者变软后挤干水。葡萄柚去皮、掰小块，放入碗中，接着放入酒醋1大匙、胡椒少许、橄榄油2大匙，将碗中所有食材搅拌均匀，这道清淡爽口的凉拌圆白菜丝便做好了。

标准配比为：小圆白菜1个对应洋葱半个、葡萄柚1个，不过这只是参考标准，可依据个人喜好随意配比。酒醋可充分发挥出葡萄柚的酸爽之味。一口吃下，口感丰富，十分清爽。

烹饪笔记

在拌制沙拉的时候，我经常用葡萄柚代替柠檬。与柠檬相比，葡萄柚没有那么酸，酸爽之中还带些许甜味，与鲑鱼等搭配食用很美味。

用于转换口味的小菜

韭菜梅干拌海苔

此料理做法简单，既可搭配日餐食用，亦可搭配中餐和韩餐食用。平时韭菜很少作为主要食材出现，有了这道料理，就可以多吃一些韭菜了，既可以当副菜又可当下酒菜。

锅中烧热水，韭菜2把洗净后直接放入锅中焯一下，然后用漏勺将其捞出放在一旁待其冷却，不要过凉水。待韭菜放凉后将其切为3cm的小段，挤干水。梅干1个半剁碎（或是梅肉1大匙）放入碗中，然后放入调味酱油（不到1大匙）、砂糖少许、芝麻油2大匙搅拌均匀，接着放入韭菜段搅匀，最后将烧海苔3片撕碎后混入其中。梅干和海苔的量可依据个人喜好进行变更，不过海苔多一些会更加美味。

这是一道做法非常简单的料理，在还差一道小菜的时候可以很快就做好。我曾将这道料理带到朋友家举行的聚餐上，大家对它的评价都很高。

美味下酒菜

奶油干酪

很早之前，我在居酒屋第一次吃到了这道料理，现在它已成为我的拿手好菜之一。

奶油干酪选择只需将包装袋去掉即可使用的“kiri”即可。用柴鱼片涂满整个奶油干酪，摆入盘中，上面放上少许在水中泡过的葱花，再淋入几滴酱油，这道奶油干酪料理就做好了。是不是十分简单？要点只有一个，就是要将柴鱼片涂满整个奶油干酪，不留空隙，而不是洒在上面。涂满了柴鱼片后，奶油干酪便不会变形，而滴入的酱油融入柴鱼片中，又增加了柴鱼片的美味。

这道奶油干酪不仅非常适合搭配葡萄酒和啤酒，与日本酒和烧酒也很配，是一道简单美味又很百搭的发酵下酒菜料理。看来又不得不喝酒啦。

充分体味初夏来临之感

香炸虾仁吐司

黄金周*一过，便会感受到初夏的气息。这时我很想烹制一些独具特色的料理。这道酥脆的香炸虾仁吐司便是选择之一，家人也十分喜欢这道料理。

首先制作虾酱。将剥好的虾仁150～200g用盐水洗净，沥净水后剁小块儿放入碗中，然后往碗中放入淀粉1大匙、胡椒盐少许，香菜茎4～5根剁碎同样放入碗中，将所有食材搅匀。用于制作三明治的面包片4等分切开，将做好的虾酱均匀涂抹在面包上。锅烧热放色拉油，待油烧至170℃时，下入面包片，将其炸至金黄色、炸得酥脆。甜辣酱用少量水稀释，黄瓜切薄片、紫洋葱剁碎后倒入其中调成蘸汁，摆在炸好的虾仁吐司旁边，这道满是初夏感的料理便做好了。其中，香菜茎碎是美味的关键所在。

*黄金周：日本的法定假期，一般为五一前后的一周时间。

滋味香浓的甜辣

炖牛肉

儿子上中学时午饭都会带便当，其中牛肉盖饭是他非常喜欢的一道料理。他上大学后便离开了家一人生活，第一次回家后返回学校时我给他带的还是牛肉，只不过没有带饭。

我家的做法如下：将浓缩型面汁稀释为原来3倍的量，再放入适量酱油和砂糖，将味道调得稍微浓厚一些，如此，炖汁便调好了。炖汁加热至沸腾，先下入火锅用牛肉，待牛肉变色后再下入大量洋葱丝和墨鱼丝，盖上锅盖多炖一段时间，直至所有食材充分吸收汤汁。面汁使料理的口感更加香浓，酱油和砂糖可使口感更丰富。

记得当时我将儿子的饭盒装得满满的，为的就是让儿子能体味到母亲对他的爱。

烹饪笔记

与炖牛肉搭配食用的是拌菠菜。注意菠菜在热水中焯的时间不要太长，否则就不绿了。焯熟后用橙醋简单拌制一下即可。

香菜满满

文蛤特色风味砂锅

丈夫很喜欢冲浪，从千叶的海边冲浪回来后带回了当地特产的大文蛤。正值天气十分炎热，所以我就做了这道特色风味砂锅。

砂锅中倒入清水300mL、酒100mL，文蛤洗净吐沙、干辣椒去籽后一起倒入砂锅中，盖上锅盖，开火煮一段时间，直至文蛤开口。如果煮得时间过长，文蛤肉便会收缩，所以要掌握好时间，千万不要过长。蒜片入油锅中炸香，倒入砂锅中，接着倒入越南鱼露和盐少许调味。青葱和香菜切小段，各取一小撮放入砂锅中，这道满是香菜的文蛤特色砂锅便做好了。食用时从砂锅中盛入各自的碗中，再挤上几滴柠檬即可。

用越南鱼露调味

黄瓜香菜沙拉

黄瓜终于上市了。我家比较喜欢素拌黄瓜，而很少将黄瓜作为混合沙拉的配料使用，比如这道黄瓜香菜沙拉，因为这样可以享受到嚼黄瓜时脆生生的感觉。

黄瓜3根洗净，用削皮器将黄瓜皮削掉，但要保留一部分黄瓜皮，整根黄瓜看起来呈条纹状。然后将黄瓜竖着对半切开，再切斜片。将蒜、西芹、香菜茎剁碎，各取1大匙放入碗中，接着放入柠檬汁2大匙、越南鱼露1大匙、白芝麻油2大匙，将所有材料搅拌均匀调成料汁，和黄瓜片拌匀。拌好后盛入容器中，上面再撒上些香菜叶，这道清爽的黄瓜香菜沙拉便拌好了。

柠檬的酸味和越南鱼露的香味充分混合到一起，再配上清爽脆生的黄瓜，简直是美味十足，2个人就可以将整盘吃光。

夏季的常备料理

五味大拌菜

我很喜欢蘘荷、绿紫苏、生姜等香味十足的蔬菜，还在Instagram上专门开了一个“香草狂热爱好者”的话题。这道五味大拌菜就是由其中的5种拌制而成的。灵感来自于与我交好的模特松本孝美小姐在Instagram上发的照片。

准备青葱、蘘荷、绿紫苏、生姜、芽菜各一包。这几种菜分别剁碎放入碗中，倒入清水浸泡一段时间，然后沥净水装入密闭容器中，放入冰箱中存储备用。这道大拌菜可与凉拌豆腐、面条、鲣鱼刺身、鲹鱼刺身、烤鱼、牛排等各种料理搭配食用，恨不得天天都吃。对于喜欢吃香草的人来说，简直是一道很省事的夏季必备佳品。

ariko 的最爱
香草狂热爱好者

我非常喜欢口感脆生、香味十足的香味蔬菜。烹制料理的时候放入一些，整道料理的卖相和口味都会提升一个层次。

普通的纳豆配上由青葱、蘘荷、绿紫苏、生姜、芽菜拌制而成的五味大拌菜，美味倍增。盛到米饭上之前，还可往米饭中撒些红紫苏粉，如此，整道料理的口味会更加清爽。

五味大拌菜还可以搭配荞麦面食用。再添上用鲣鱼汤煮熟的滑菇和萝卜泥，十分美味，即使没有胃口，也能将整碗吃光。

鲣鱼刺身与香味蔬菜才是绝配。将洋芹、青葱、芽菜、绿紫苏、生姜、蒜末混合拌匀，码在鲣鱼刺身上，仿佛在刺身上淋了沙拉一般。

我非常喜欢香菜，几乎达到了狂热的状态。在由白身鱼刺身、柠檬、朝天椒烹制而成的酸橘汁腌鱼中，香菜也是不可或缺的一种食材。

我从常去的旅馆那里学到了山椒酱油的做法。辛辣味与清爽味完美地结合到一起，十分美味，将其浇在照烧肉排上，可使肉排的口感更为丰富。

儿子非常喜欢吃的早餐油渍金枪鱼盖饭，也少不了香味蔬菜。加了香味蔬菜，可以使饭的余味更加清爽。

忙起来的时候，来一碗永谷园的茶泡饭最是方便。食用时还会放入小沙丁鱼、梅干和五味大拌菜，如此，口感更加丰富，美味也会倍增。

夏季正是食用鲹鱼的季节。当季的鲹鱼肉块用调料腌好，将甜醋泡制的带叶新生姜和青葱剁碎，满满铺于鲹鱼肉块上，整道料理看起来清凉感满满。

可整碗吃下的美味挂面

挂面之王

如何才能在夏季吃下一大碗挂面呢，我经过不断尝试，便有了这道放入了金枪鱼罐头的挂面之王。

挂面2小把下入热水中煮熟，煮制时间参照包装袋上标示的时间（2分钟左右）即可，捞出后过冷水，这样面条会更加筋道。用滤网将面条捞出控净水，淋入芝麻油1小匙、撒上盐少许拌匀备用。洋葱半个切薄片，胡萝卜切10cm长的细丝，韭菜半捆切成适宜食用的长度，将上述蔬菜倒入煮面的面汤中焯一下，沥净水后留起备用。平底锅热芝麻油1大匙，倒入生姜末（剁碎）2小匙、金枪鱼罐头1罐翻炒片刻，然后倒入挂面和焯水蔬菜继续翻炒，接着倒入日式鲣鱼汤、调味酱油和酱油各1小匙调味，将所有食材翻炒均匀，这道蔬菜满满且美味十足的挂面之王便做好了。食用时蘸着冲绳特产的辣椒醋，酷热感顿时消散。

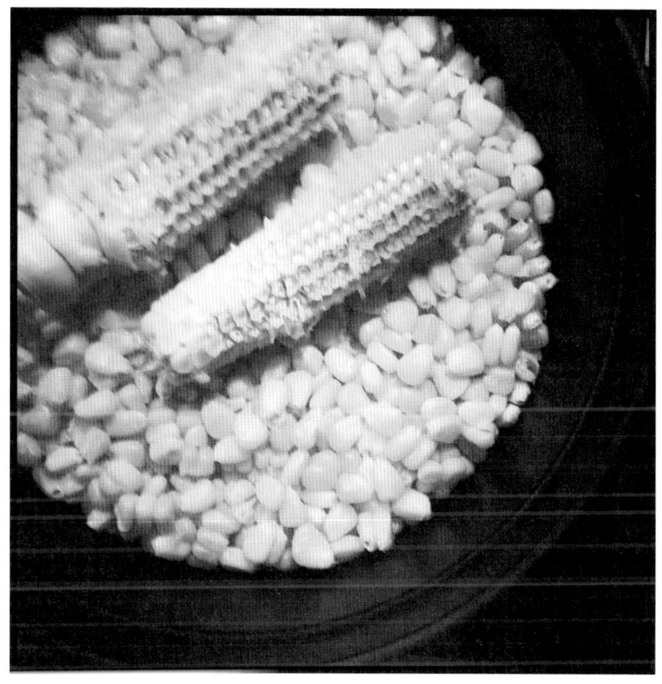

连同玉米棒一起焖制

玉米焖饭

我非常喜欢吃甜玉米。甜玉米无论是直接在盐水中煮熟，还是用来烹制炸什锦或是冷汤料理，都十分美味。这道玉米焖饭在我家很受欢迎，常出现在餐桌上。

我曾看到过一个小窍门，说是将玉米棒一同放入锅中焖制，做出的饭会更加香甜。自那以后，我便一直按这种方法焖制玉米焖饭。

2量杯（约300g）米，搭配玉米1根。将米淘洗干净，倒入厚一些的锅或是砂锅中，注入2量杯清水（360mL）浸泡，待大米充分吸水后，倒入盐1小匙、酒1大匙，接着将剥下来的玉米粒半铺在大米上，玉米棒折两段摆在最上面。盖上锅盖，开中火煮至沸腾，改为小火继续焖13～15分钟，然后关火利用余温继续加热5分钟。将玉米棒取出，放入一片黄油、撒少许胡椒粉，将所有食材搅拌均匀，这道香甜味美的玉米焖饭便做好了。

烹饪笔记

这是一道可以享受到香甜玉米味道的夏季焖饭，可以直接食用，也可搭配肉类料理食用。如再撒上些帕尔玛奶酪，焖饭会更加美味。

外酥里嫩

柠檬蒜香鸡

用柠檬汁、蒜泥、橄榄油将鸡腿肉或猪里脊肉提前腌制，放入冰箱中保存一周。这种方法不仅可以锁住肉的美味，还可以在忙于工作没有时间烹制料理时派上用场。

以鸡腿肉为例：鸡腿肉去掉多余的脂肪，将筋切断（也可直接将其切为适当大小的肉块），撒上胡椒盐，放入密封袋中。将柠檬汁（半个柠檬）和蒜泥（1瓣，擦碎）混合拌匀倒入密封袋中，再淋入少量橄榄油、放入几根迷迭香的茎，将密封袋封好，用手轻轻揉搓，然后将其放入冰箱中腌制2小时以上。平底锅热油，下入腌好的鸡腿肉，将表面煎至金黄、煎出香味，与沙拉或是玉米焖饭盛到一起，一道简单又美味的料理便做好了。

略带酸味的美味料理

蟹肉鳄梨沙拉

最近逛超市时，我发现有卖剥好的蟹腿肉，而且正好是一顿的量，于是便买了回来，将其与鳄梨拌到一起，便有了这道蟹肉鳄梨沙拉。

由于沙拉中放了酸奶油和蛋黄酱，所以整道沙拉口感浓醇，还略微带些酸味。这款沙拉可以直接用于开胃菜，与白葡萄酒很配；还可以作为三明治的夹心使用。

蟹腿肉150g倒入碗中。西芹1棵切薄片，撒少许盐抓匀腌出水分；洋葱1/4个剁碎，放入水中浸泡一段时间；鳄梨1个去皮去籽，切小块儿。将上述准备好的食材全部倒入盛有蟹腿肉的碗中，然后倒入柠檬汁1大匙、酸奶油1～2大匙、蛋黄酱1～2大匙、胡椒少许，将所有食材搅拌均匀，这道略带酸味的沙拉便拌好了。由于蟹腿肉和西芹中都含有盐分，所以拌制的时候就无须再放盐了。将拌好的沙拉盛入容器中，撒上欧芹碎即可食用。

搭配下午茶更完美

黄瓜三明治

这道以黄瓜为主角的三明治，口味别具一格，绝对可以刷新你对黄瓜的认知。

将黄瓜切片，用盐腌出水，然后用厨房用纸仔细揉搓黄瓜，吸净黄瓜中的水。如此，黄瓜的口感更脆，而且还没有了生黄瓜味。只不过黄瓜的量也会一下子减少许多，所以应多准备一些黄瓜。

一般来说，一组面包片，需要1～2根黄瓜。将12片切片面包放入烤箱中烘烤一下，涂上黄油和芥末，码上火腿和黄瓜。可以单片面包直接食用，也可以在上面再盖上一片面包食用。

食用时挤上几滴柠檬汁。芥末的辛辣味和柠檬的酸爽完美地结合到一起，可将黄瓜三明治的美味发挥到极致。黄瓜三明治搭配奶茶或是下午茶一起食用，更有一种奢侈的感觉。

超适合作为下酒菜的美味料理

盐海带腌牙鲆刺身

我家餐桌上必不可少的一种食材便是花锦户的松之叶昆布。这种盐海带是用甲鱼汁熬煮过的，不仅可以直接用作茶泡饭食用，还可在烹制各种料理时作为调味料使用。

这道盐海带腌牙鲆刺身就是充分发挥了盐海带美味的料理，做法十分简单，只需往牙鲆刺身上撒些盐海带即可。上面摆上五味大拌菜，食用时再挤上几滴酸橘汁，看起来绝不像是如此简单就能做成的料理，不知情的人绝对会以为这是一道经过精心烹制的高档下酒菜。这道料理常作为日本冷酒的下酒菜出现在餐桌上。

除了这种用法，还推荐一种由盐海带拌制而成的沙拉。做法如下：白菜剁碎、圆白菜撕片在热水中烫一下，将两者与盐海带混合到一起拌匀。由于盐海带本身就很美味，所以只需再倒入少许醋和橄榄油调味，一道美味十足的沙拉便拌好了。

烹饪笔记

在拌制凉拌豆腐的时候，除了酱油，还推荐用美味的盐和橄榄油调味。再放些芥末，食用时会更有层次感，也会更加清爽。

禁忌的诱惑

猫王三明治

HAPPY NUTS DAY的花生酱，原材料只使用千叶县的花生、九十九里的盐和北海道的甜菜糖。我很欣赏他们这种考究的态度，一直购买这款花生酱。

我小的时候，祖母就曾给我做过用这款花生酱、蓝莓酱和香蕉做成的三明治。只不过很久之后我才知道，这种三明治叫作猫王三明治，名字来自于猫王，因为猫王埃尔维斯·普雷斯利非常喜欢吃这款三明治，至于他为何喜欢，有人说是因为这种三明治的热量很高。

猫王三明治的做法与普通三明治一样：面包片上涂抹花生酱和蓝莓酱，香蕉切薄片摆在上面，再用另一片面包盖上。虽说味道稍甜且热量极高，但是如此美味的食物，偶尔食用一次应该没什么大问题吧。此外，在拍外景时，作为慰问品带给大家，大家也是非常高兴的。

烹饪笔记

这款三明治美味的秘诀就在于花生酱。HAPPY NUTS DAY生产的花生酱为加糖型，如果想控制糖分的摄入量，也可以使用其他公司生产的无糖型花生酱。

含糖量少且口感清爽

甜醋谷中生姜*

每当我看到超市开始售卖鲜绿的带叶新生姜，便会恍然明了原来夏季已经到来了。此时的生姜根部很嫩，也没什么辣味，可直接蘸着味噌食用，也可将其稍稍焯一下后浸入甜醋中做成爽口的常备菜。

带叶谷中生姜10个整块去皮，切为厚1～2cm的小圆片，倒入热水中焯一下。提前往小碗中倒入醋3大匙、砂糖2大匙、盐一撮调制甜醋备好，将焯水新生姜捞出后直接浸入甜醋中，生姜就会变为漂亮的淡粉色。

如果生姜不切圆片直接浸入甜醋中，就称作“椒”，常与烤鱼搭配食用。除此之外，将腌好的甜醋谷中生姜、剁碎的蘘荷、绿紫苏和胡葱倒入醋饭中搅匀，捏成饭团，上面再摆上醋浸鲹鱼，一道适合夏天食用的爽口寿司便做好了。

*谷中生姜的芽根部泛红，是日本生姜的代表性品种。

坚果香味浓郁

坚果沙司金枪鱼刺身

我非常喜欢和朋友们进行美食交流，因为这样可以共享不同的美味与灵感。比如，这道坚果沙司配金枪鱼刺身就是从一位吃货朋友那里学到的。

将杏仁、花生、腰果等自己喜欢的坚果混到一起剁碎，取坚果碎3大匙与酱油2大匙、柠檬汁2大匙、色拉油2大匙、芝麻油1大匙、砂糖1小匙、剁碎的大葱适量混合到一起拌匀，坚果沙司便做好了。

条状金枪鱼刺身放入热水中焯一下，捞出后马上浸入冷水中冰一下，然后用厨房用纸吸净金枪鱼表面的水分，将其切为2cm厚的鱼片，摆在盘中。鱼片上淋上坚果沙司，再撒上香菜和葱花，这道美味的坚果沙司金枪鱼刺身便大功告成。

烹饪笔记

坚果沙司用途十分广泛，几乎覆盖所有料理，使用起来也很方便。除了坚果沙司金枪鱼刺身之外，坚果沙司还可与清蒸鸡肉、白色的鱼肉搭配食用，也可用于拌制凉拌豆腐、沙拉等。可以提前多做一些坚果沙拉，放入冰箱中存储起来随时取用。

用海带茶调味

明太子意面

休息日的午餐，家人经常会点这道明太子意面。

按每人2条明太子的量制作。碗中放入黄油20g化软，将明太子切口，用汤匙挖出鱼子放入碗中，接着放入海带茶1小匙调匀备用。意面煮至断生，放入碗中，快速搅匀。将拌好的意面盛入盘中，摆上绿紫苏细丝即可。

与意面搭配食用的是梅干醋腌鳄梨和炒茄子。梅干醋腌鳄梨的做法如下：鳄梨对半切开，去籽后摆在容器中。将稍甜一些的梅干剁碎，和橙醋混合到一起调成沙司，淋在鳄梨上，上面再撒上多多的蘘荷、绿紫苏和撕碎的海苔。食用时用汤匙舀着食用。炒茄子的做法为：将茄子切稍大一些的块，锅烧热放橄榄油，下入蒜末（拍碎）、培根和茄块翻炒一段时间，用少许胡椒盐和酱油调味即可。

烹饪笔记

明太子意面直接食用已是十分美味，还可将墨鱼刺身切细丝添在旁边，或是配上泡菜，如此意面的口味更加丰富，口感也更富于变化。

爽口又健康

猪肉蒸菜

不想做复杂的料理时，就会用蒸屉来做清蒸料理，做法非常简单，只需将切好的食材摆在蒸屉上即可。

蔬菜可以使用圆白菜、豆芽、韭菜、绿笋、四季豆、金针菇等，有什么用什么就好。蒸屉上铺上纱布，将蔬菜切成适宜食用的大小，摆在蒸屉中。为了刺激食欲，要注意食材的布局。最后将猪里脊肉切薄片摆在蒸屉的一角，盖上盖子，放入沸腾的蒸锅上蒸5分钟左右即可。

蘸汁的调制方法：选择稍甜一些的梅干去籽，将其剁碎，与橙醋、芝麻油混合到一起拌匀即可。当然简单地将橙醋和芝麻油混合到一起调制蘸汁，已足够美味。此料理口感清淡，百吃不厌，没有食欲的时候不妨来上一餐。需要注意的是蒸的时间不要过长。

辛辣爽口

蒜香黄油沙司炸豆腐

单是将豆腐炸至香酥已经很美味了，不过我的家人口味比较重，所以我会稍费一些功夫烹制香辣沙司淋在上面，家人都给予了很高的评价。

以前我一直用煎锅煎豆腐，偶然间发现，还可以用烤箱烘烤豆腐。这种做法不仅简单而且还可将豆腐皮烤得味香酥脆，之后就改用烤箱烤。豆腐6等分切开，放入烤箱中烤至表面香酥。

接下来调制沙司：小平底锅放入黄油2～3大匙加热熔化，倒入蒜泥（1瓣，擦碎）和豆瓣酱2小匙（辣度可自由调节）搅匀，中火煮沸，待锅中冒泡，将酒1大匙、酱油1大匙、调味酱油1大匙的混合汁倒入锅中，不断搅拌直至搅出光泽。如此，沙司便做好了，将其淋在烤好的豆腐上，这道香辣爽口的蒜香黄油沙司炸豆腐便做好了。

烹饪笔记

蒜香黄油沙司炸豆腐的固定搭配是煎青椒和金针菇。平底锅烧热，放入切好的青椒和金针菇稍稍煎至变色，撒少许盐调味即可。在调制沙司前将其煎好摆在豆腐旁边。

放入了鳄梨

金枪鱼吐司

鳄梨十分美味，既可用于拌沙拉，也可用于炒菜，是很好的食材。

但是令人头疼的是，鳄梨的食用时机不太好掌握。比如说，今晚突然想吃鳄梨了，但是到超市一看，售卖的都是需要养熟的硬鳄梨，而提前买回来养熟的话，一不小心就容易熟过头变黑了。这里给大家推荐一种软硬皆可的食用方法，那就是用来制作烤吐司。

蛋黄酱、金枪鱼罐头、洋葱碎混合到一起拌匀，涂抹于面包片上。鳄梨去皮对半切开，再切薄片整齐摆在上面。奶酪室温化开淋在鳄梨上。最后将放有各种材料的面包片放入烤箱中烤至变色、烤出香味即可。肉质软嫩的鳄梨与熔化的奶酪完美地结合到一起，对于喜欢鳄梨的人来说，是一道不可错过的美味。可以用作早餐，也可以当作午餐食用。

烹饪笔记

如果使用丘比“面包工房金枪鱼&蛋黄酱”烹制这道吐司的话便更加简单了，而且还十分美味，建议买一瓶备用以便随时取用。

无须提前处理

炒风干墨鱼

我在横滨拍摄外景的时候，午饭最常去一家名为“李园”的中华料理店，店址位于离中华街有一小段距离的本牧附近。他家的特色是番茄汤面和油淋鸡，除此之外，还有一道很受欢迎的炒风干墨鱼。这道料理使用的是经过一夜风干的墨鱼，不仅省去了麻烦的事前处理，而且经过风干的墨鱼更加美味。

回家之后，我立即仿着该店的味道尝试着自己烹制这道料理。风干墨鱼切小段备用。胡葱或是大葱同样切小段，长度与墨鱼等长。炒锅热色拉油，下入蒜末（1瓣，拍碎）、生姜碎（1小段，剁碎）爆香，放入墨鱼段快速翻炒，然后放入葱段继续翻炒片刻，接着倒入绍兴酒1大匙、牡蛎沙司1大匙、酱油1小匙、醋1小匙、胡椒少许调味，待所有食材翻炒均匀，这道美味十足的炒风干墨鱼便做好了。

用酱油调味

鲑鱼鳄梨沙拉

建议冰箱里常备熏鲑鱼，使用起来会非常方便。因为熏鲑鱼的用途十分广泛，几乎无所不能，可直接与洋葱、柠檬简单拌制食用；可做成三明治食用；可用腌泡汁腌制后食用；也可与意面搭配食用……我家最常做的就是这道鲑鱼鳄梨沙拉。

先做好准备工作：1袋熏鲑鱼，需要准备紫洋葱半个或1个。提前将紫洋葱切薄片，浸入水中泡一泡，沥净水备用；鳄梨去皮去籽切薄片；颗粒芥末酱2小匙、酒醋1大匙、酱油1小匙、胡椒盐少许、橄榄油3大匙混合到一起搅匀调制料汁。准备工作做好后，开始摆盘：将切好的紫洋葱均匀铺于容器上，依次码上熏鲑鱼和鳄梨，上面撒上一层芽菜，最后转圈淋入料汁，这道鲑鱼鳄梨沙拉就拌好了。

烹饪笔记

酱油芥末料汁可用于多种料理中，尤其与煮蔬菜和鱼贝类非常搭配。建议牢记其调制方法，用起来会非常方便。

母亲的味道

施特罗加诺夫炖牛肉

提到施特罗加诺夫炖牛肉，大多数人脑海中浮现的都是使用番茄的版本吧，不过我家使用的是酸奶油，这是从我母亲那里传下来的做法。

炖锅中放入黄油加热熔化，倒入洋葱丝（2个的量）慢慢翻炒，直至将洋葱中的水分炒净。注入清水3杯，放入一块浓汤宝化开。准备牛腿肉等瘦肉300g，切为适宜食用大小的薄片，撒上胡椒盐，拍上低筋粉备用。另置一平底锅，锅中放入黄油加热熔化，牛肉下入平底锅中翻炒片刻，直至将牛肉片翻炒至变色，然后倒入炖锅中。平底锅中再放入一块黄油加热熔化，将洋菇、丛生口蘑各1袋倒入锅中翻炒片刻，同样倒入炖锅中。中火炖15分钟后，往炖锅中倒入酸奶油200g、撒入胡椒盐调味，将所有食材搅拌均匀浇在米饭上，这道美味的施特罗加诺夫炖牛肉便做好了。

烹饪笔记

放入酸奶油之后，加热的时间不要过长，否则容易水油分离，所以一定要多加注意。往肉上拍低筋粉，可以起到勾芡的作用。

味香松软

法式吐司

虽说比起面包，儿子更喜欢米饭和面类，但是偶尔给他做这道法式吐司，他也很高兴。在前一晚将面包裹上蛋液备好，第二天早上直接煎一下很是方便。

取6片面包片，将每片2等分或4等分切开。鸡蛋1个打入碗中搅散，倒入龙舌兰糖浆或砂糖2小匙、牛奶130mL，搅匀后倒入大方盘中。将面包片放入方盘中，两面都蘸上蛋液，用保鲜膜包好放入冰箱中备用。

取一口小一些的煎锅，放入黄油加热熔化，放入面包片，以中小火将面包两面煎至金黄、煎出香味，火候太大容易煎焦。待面包片微微鼓起，将其取出摆入盘中，上面放些香蕉片和蓝莓。另取一锅烧热，倒入适量枫糖浆和黄油搅匀，待锅中冒泡，便可将其淋在吐司上，这道美味的法式吐司便做好了。旁边配上一小碟马斯卡彭软奶酪，搭配吐司食用。

烹饪笔记

如果一次性做多人份，建议采用先将面包两面稍稍煎一下，然后放入烤箱中烘烤的方法，会省事很多。提前将烤箱预热至160℃，放入其中烘烤6~7分钟即可。

可作为副菜食用

蒜香鳀鱼沙司圆白菜

虽说这道料理的食材只有圆白菜，但是既可作为下酒菜食用也可作为副菜食用。这道料理十分美味，即使用了一整棵圆白菜也可以轻松扫光。

如果想要充分享受圆白菜脆生的口感，建议先将洗净的圆白菜放入冰箱中冷藏一段时间，然后再将其切成半月形摆于盘中。

在这道料理中，料汁起着十分重要的作用。小平底锅烧热放橄榄油2～3大匙，倒入蒜末（1瓣，剁碎）略炒，注意不要炒焦。放入鳀鱼肉片2～3片和盐少许，将鳀鱼炒散，待蒜末变为金黄色时关火，稍稍放凉后倒入酒醋1～2大匙（可依据个人喜好调节酸度）搅匀，料汁便做好了。将料汁浇在圆白菜上，再撒上黑胡椒粉，这道香气四溢的蒜香鳀鱼沙司圆白菜便大功告成了。

梅干醋是关键

梅干醋腌鳄梨拌烤虾夷盘扇贝

之前介绍的梅干醋腌鳄梨（p137），是从小堀纪代美老师那里学到的。鳄梨的黏稠质感和梅干醋的酸爽口感完美地结合到一起，实在是极品美味。

有一次逛超市，我看到售卖的烤虾夷盘扇贝，突然灵光一闪，想着如果将这两者结合到一起一定更美味吧。于是马上买回家尝试了一下，便有了这道料理。

烹制这道料理时，我对原本的梅干醋的做法做了小小的改动：将梅干2个（稍甜一些的）剁泥，和橙醋2大匙、橄榄油2大匙混合到一起搅匀。将鳄梨去皮切为适宜食用的大小，倒入碗中，淋上梅干醋拌匀。将烤虾夷盘扇贝整齐摆于盘中，上面盛上拌好的梅干醋腌鳄梨，堆得高高的才好看。蘘荷、绿紫苏剁碎，在清水中浸泡一段间后捞出，沥净水后摆在最上面。如此，一道美味爽口的梅干醋腌鳄梨拌烤虾夷盘扇贝便做好了。

烹饪笔记

将梅干醋腌鳄梨和鱼贝类拌到一起后，这道沙拉就变成了副菜。烤虾夷盘扇贝也隐隐带了些许香甜，变得更加美味。除了烤虾夷盘扇贝之外，梅干醋腌鳄梨还可以与其他白身鱼刺身、鲣鱼刺身等一起拌制食用。

与啤酒很配

鱼露煎猪肉

随着气温逐渐升高，动不动就浑身是汗，每到这个时候，我就特别想在晚饭前喝上一杯啤酒。而与啤酒最搭的则是口味独特、略微辛辣的下酒菜。正好家中有剩余的稍厚一些的猪里脊肉，我就用它烹制了这道鱼露风味的煎猪肉。

将猪里脊肉平铺在砧板上，上面涂满蒜泥（擦碎）和鱼露，撒上黑胡椒腌一段时间，然后放入平底锅中煎至香酥即可。将煎好的猪肉盛入盘中，旁边配上大量圆白菜丝和香菜，再挤上柠檬汁，这道美味可口的下酒菜就做好了。这道料理口味独特、酸香可口，与啤酒非常配。在此温馨提醒，千万不要喝多哦。

圆滚滚的真可爱

鲣鱼汤渍番茄

对于做任何料理都喜欢放入番茄的人来说，夏季是一个令人愉悦的季节，因为可以吃到应季的番茄。将圆滚滚的中号番茄放入热水中烫一下去皮，再浸入到稍浓一些的鲣鱼汤中，虽然简单，但是色香味俱全，即使没有食欲的人，也可以吃下很多。

番茄4～5个去蒂，注意保持番茄的完整性。放入热水中烫一下，将皮剥掉备用。锅中倒入稍浓的鲣鱼汤2杯，接着倒入酱油1大匙、淡口酱油1大匙、料酒1大匙调匀，煮沸后关火，趁热倒入处理好的番茄。待番茄汤冷却后将其倒入容器中，用保鲜膜封好口放入冰箱中放置一段时间，使汤汁和番茄更好地入味。食用时取出一些盛入容器中，撒上细生姜丝即可。

ariko 的最爱
番茄狂热爱好者

所有蔬菜中我最爱的就是番茄。因此，在烹制各种料理时也会放入番茄。番茄与酱油是绝配，既可用来烹制日式料理，也可用来烹制中式料理。

此料理的灵感来源于番茄火锅，将番茄切成半月形摆在牛肉盖饭上。不仅可以使牛肉盖饭的口感更加清爽，而且使牛肉盖饭更加美味。

这是一道用小番茄、蒜末（剁碎）、意大利果醋、橄榄油、胡椒盐拌制而成的番茄沙拉，与烤肉、烤鱼非常配。

番茄在意大利面中也能大放异彩。只需在左边的番茄沙拉中加入金枪鱼罐头拌匀，放在意面上，再摆上几片香气四溢的罗勒叶，卖相极佳。

将番茄、洋葱、青椒、红柿子椒全部剁碎，混合到一起，再放入柠檬和辣椒粉调味即可。这是一道有着浓郁夏季气息的辣味番茄沙司。

如果做了带有整个番茄的番茄汤，还可以将其摆在清汤凉面的最上面。没有胃口的时候，来上一碗，保证食欲大开。

最近才发现原来还有黄色和紫色等五颜六色的小番茄。在拌制红白小碟沙拉的时候，将各种颜色的小番茄搭配到一起，真是赏心悦目。

这是一道只有在圣诞节的时候才会制作的特制番茄料理。将小番茄在热水中烫一下去皮，浸入甜味调料汁中腌制即可。

辣味番茄沙司做好后，可以用于各种料理中。比如，可以和金枪鱼刺身搭配食用，但是有一点需要注意，那就是金枪鱼刺身要提前用酱油调味。

有着夏季的气息

水茄子黄瓜沙拉

水茄子肉质紧实饱满、表皮软嫩，可以生食，且十分美味。不要说大阪的泉州特产米糠酱腌咸菜了，就是这道直接与黄瓜简单拌制而成的沙拉也相当美味。

水茄子带皮切小块，黄瓜削皮切同样大小的块。将水茄子块和黄瓜块都放入容器中，淋入橄榄油拌匀，撒入美味的岩盐，这道水茄子黄瓜沙拉便做好了。食用时挤上几滴酸橘汁，可增添一份酸爽。水茄子含水分较多，所以食用水茄子料理便是一场与时间的赛跑。眨眼间水茄子就会变软，所以拌好后要尽快食用。除了水茄子，还可以用其他肉质饱满有弹性的茄子拌制这道沙拉，也同样美味。这是一道充满夏季气息的沙拉。

烹饪笔记

放了黄瓜的烤筒状鱼卷，是我家必备的一道下酒菜。建议使用制作酱油拌黄瓜时用的小号黄瓜，可以使整道料理看起来更显奢华。调味只需蛋黄酱即可。

放入了番茄和香菜

担担凉面

最近超市开始售卖生面类型的担担凉面，使用起来很方便。我曾在惠比寿的一家拉面屋吃过一道番茄凉面，十分美味，于是尝试着自己在家做了一下，便有了这道担担凉面。

醋3大匙、砂糖或龙舌兰糖浆2大匙、调味酱油2小匙混到一起调制甜醋，番茄切适当大小的块，浸入甜醋中备用。接下来按照包装袋上标示的做法制作担担凉面，将面倒入容器中，将用甜醋腌好的番茄沥净腌汁后盛在面条上，撒上香菜和葱花即可。

如果还有精力，可烹制肉酱放在旁边。肉酱的做法如下：将生姜丝、葱丝、猪肉馅100g倒入锅中翻炒片刻，然后倒入酒、味噌、甜面酱各1大匙和酱油、砂糖各2小匙调味，将所有食材翻炒均匀，肉酱便做好了。盛些肉酱放在一旁，整道料理会更加美味。

清爽美味沙拉

淡腌泡菜

以无添加出名的茅乃舍，不仅生产汤包，还生产各种各样的调味料。我经常顺路去其位于东京市中心的店铺，看看是否有新商品问世，这对我来说也是非常放松和愉悦的时光。

就在持续闷热的某一天，我如往常一般在店里闲逛，一个名为“日式腌料包”的商品突然进入了我的视线，看到宣传语上写着“只需将切好的蔬菜浸入其中即可”，不由得生出了兴趣，便买了回来，于是便有了这道“淡腌夏季蔬菜”。

黄瓜洗净，用刨皮器将黄瓜皮刨掉，但是不要全部刨掉，使整个黄瓜呈花纹模样，然后将其切成厚圆片。洋芹切大块儿、蘘荷竖着对半切开、小番茄用热水烫后去皮，将所有上述食材装入密封袋中，放入“日式腌料包”中的汤汁腌30～40分钟。如此，这道口感脆生的淡腌泡菜便做好了。要点是应将蔬菜切成同等大小，不仅可以均匀入味，看起来也更加美观。

美味清新、桃味十足

桃子意大利冷面

我非常喜欢吃桃子，每年桃子一上市，我就会变换各种花样烹制桃子料理，最先制作的便是这道桃子意大利冷面。

只用桃子，味道很淡，还需放一些小番茄来提味。小番茄剁碎和少许蒜末（剁碎）、意大利果醋、盐、胡椒、橄榄油混合到一起搅拌均匀沙司就做好了。

煮意面的时间要比包装袋上标示的时长多1分钟左右，捞出后在冰水中过一下，可使意面更加筋道。用厨房用纸将意面上的水吸净，和沙司拌匀，盛入容器中，摆上切成适宜食用的桃肉块和生火腿块，最上面摆上希腊白软干酪和罗勒叶、茴香叶等绿色香草叶。至此，一道桃味十足的桃子意大利冷面便做好了。

为了能多吃到桃子，一盘意面使用了1整个桃子。虽然略有些奢侈，但真的大为满足。生火腿的咸味更可以衬出桃子的甜味。

口感极佳

腌渍金枪鱼山药盖饭

忙于工作没有时间烹制复杂的料理时，那种只需买来刺身即可烹制而成的盖饭料理，就显示出了极大的优势。比如，这道腌渍金枪鱼山药盖饭。

酱油和调味酱油按同等比例调成腌汁，将金枪鱼刺身各面裹满腌汁腌10分钟左右备用。刚焖好的米饭盛入碗中，撒入紫菜碎，摆上腌金枪鱼，山药去皮切小块倒入碗中。放入一小块芥末泥，撒上葱花，这道简单又美味的盖饭便做好了。

山药与金枪鱼非常配，有一道叫作“浇汁菜”的料理，就是由山药与金枪鱼烹制而成的。不过这里我们用的不是山药泥，而是山药块，这是为了充分享受生脆的口感。而且块状的山药更能衬托出金枪鱼绵软的口感，就我本人来说，更喜欢这种吃法。旁边再配上一道满满的味噌蔬菜就更加完美了。

炎热夏日的消暑佳品

绿咖喱拌面

有一次我在位于银座的稻庭乌冬面料理店中吃了一道很特别的稻庭凉乌冬面，是蘸着辛辣的绿咖喱食用的。那是我从来没有吃过的美味，回到家后一直无法忘怀，想着是不是也可以自己在家中烹制出来，于是便有了这道绿咖喱拌面。

浓缩型面汁倒入锅中，倒入适量鲣鱼汤将其稀释，稀释后的浓度以适宜蘸食为宜。鸡胸脯肉切片，茄子、红柿子椒、青椒切适当大小的块，皆下入锅中，待锅沸腾，倒入袋装绿咖喱。将所有食材搅拌均匀，煮至再次沸腾，咖喱蘸汁便做好了。咖喱与面汁的比例相同。稻庭乌冬面煮熟后在凉水中过一下，沥净水后盛入容器中。食用时搭配香菜再蘸取适量咖喱汁，吃上一口，浑身清爽，是一道极佳的消暑料理。

烹饪笔记

不同公司生产的袋装绿咖喱，口味也是不同的。推荐无印良品和山森生产的绿咖喱。无印良品的绿咖喱辛辣味十足，山森的绿咖喱则更加正宗一些。

专栏

ariko推荐的厨具店

我非常喜欢逛厨具店。如果遇到我喜欢的手艺人的作品店，亦或是品位与我相同的店，甚至可以在里面逛上好几个小时。

ENCOUNTER Madu Aoyama

这家店正好位于我经常去的地方，所以我经常逛这家店。家里既有许多手艺人的作品，又有各种简洁传统的厨具。这些厨具比较注重厨具使用时的便利性，如果想购买适宜平时使用的厨具，一定可以在这里找到合适的。

花田厨具用品店

从第一次逛这家店，迄今为止已过去 20 多年了。这家店在所有厨具精品店中，可以算是鼻祖一般的存在，奉行“料理为主、厨具为辅”的理念，售有 300 多位手艺人的作品。售卖的厨具皆属精品，审美眼光确实非比寻常，只是在店内随便逛一逛，已是很养眼，内心亦可得到满足。

宙

最初是通过大沼道行老师的个展“沼さん”才知道的这家店。此店的品位较独特，感觉很新鲜，所以一下子便迷上了这家店。店里的厨具虽然很有个性，但是使用起来却很方便，建议购买之前向店家询问详细的使用方法。

IN MY BASKET

此店售有各种物件，除了人气极高的陶艺家和木工手艺人的作品之外，还有许多非日式的餐具、亚麻制品等物件，而且每件的品位都很高。当然也有许多可以和日式餐具完美相配并能提高餐桌品位的物件。

专栏

ariko的餐具

我比较喜欢时尚与朴素兼而有之且能让人感受到温暖的餐具。
我家的西式餐具以芬兰的Arabia餐具和意大利第一名瓷Richard Ginori餐具为主，
日式的则以手工艺人的作品为主。

朴素与时尚并存，给人温暖之感

小时候我的家里就一直使用Arabia餐具。非常喜欢那种朴素与时尚兼而有之，但是却又带着温暖的感觉。上图中的餐具包括：纯色的Teema系列、黑白相间的Paratiisi系列以及传统风格的Vintage系列。

粉引的魅力在于虽然朴素简单，但是很上档次

粉引的手感很好，盛入任何料理都上档次。与染付餐具、织部烧餐具等放在一起也毫无违和感。我购买粉引餐具的时候，不会限定于工艺者，目前已经收集了小碗、盘子、单嘴钵子等多种粉引餐具。

带有蓝色花纹且洁净感十足的染付餐具适于平日使用

由于我本身很喜欢藏蓝色和深蓝色，所以平日经常使用染付餐具。除了传统的带条纹样式和蔓藤花纹样式的之外，我还喜欢使用带有活泼时尚元素且有清洁感的染付餐具。

大沼道行老师的餐具虽然不华丽，但是很有魅力。我已经彻底迷上了

我最早接触到大沼道行老师制作的餐具，是在小堀纪代美老师的料理教室。自此以后我就成了大沼道行的“粉丝”。虽然大沼道行老师制作的餐具很简单朴素，但是充满了魅力。每次开个展的时候我都会买些回来。

儿子想说的话

母亲做的饭很好吃。虽说我很喜欢在外吃饭，但是对我来说，母亲做的料理才是最美味的。而且，母亲很忙，早上出门后，经常直到半夜才会回来。但就是这么忙的母亲，在我大学考试落榜后补习的那一段时间，还一边忙工作，一边花心思每天为我准备美味的料理。

母亲做的早餐很丰盛，比如一大早就为我准备腌金枪鱼盖饭、叉烧盖饭、法式吐司等料理，而且每天都会换各种花样，生怕我会吃腻，天气转冷后还会贴心地为我准备热腾腾的乌冬面和汤面。正是因为有了母亲在背后的支持，我才能顺利考上理想的大学。我一直是这么认为的，心中也充满了对母亲的感激之情。

开始独自生活之后，我再一次切身感受到母亲的可贵之处。我在家里的时候从来没有做过饭，上了大学之后才开始尝试自己做饭。我一边回想着母亲以前为我烹制的各种料理，一边将其做出来，没想到也挺有意思的。不过，这也让我明白了另外一件事，那就是母亲之前每次都做多了。证据就是上大学半年来我的体重直降了6kg，终于回到了标准体重。虽说如此，我还是很想吃母亲做的料理。

结语

刚开 Instagram 的时候，正是儿子大学考试落榜的时候，那时他每日都要早起去补习学校补习。我最初的想法是制作一份备忘录，将这段时光记录下来，所以就将每日的心情等琐事连同菜谱一同上传到了网上，

随着时光一天天地流逝，季节从秋季变换到了冬季，气温下降得很快，考试也越来越近了。学习的事只能靠儿子自己努力，作为母亲能做的只有保障每日的饮食，管理好儿子的身体。寒冷的早上，做一碗热腾腾的汤和面类料理，不仅仅是为让儿子清醒、为其暖身，还饱含着希望他今天也要加油的心情。而在照片下留言给我鼓励与支持的各位，你们温暖的话语，也给予了我这个一直处于高度紧张状态的考生家长莫大的力量。万幸的是，今年春天，儿子终于如愿考入了第一志愿的大学，现在正在北海道的旭川享受着一人的生活。

自从儿子离家上大学后，家里就剩下了先生和我两个人。我家的饮食生活也几乎来了个大逆转。虽说不至于每天都吃咖喱、猪排盖饭等高热量料理，但确实得花心思做些对身体更好的料理了……而且现在做的量也很少。我的第二本食帖，正在酝酿之中……

ariko

图书在版编目（CIP）数据

ariko的食帖 / (日) 有子著 ; 王婷婷译. -- 海口 : 南海出版公司, 2018.1

ISBN 978-7-5442-5851-7

Ⅰ. ①a… Ⅱ. ①有… ②王… Ⅲ. ①菜谱—日本 Ⅳ. ①TS972.183.13

中国版本图书馆CIP数据核字(2017)第220095号

著作权合同登记号 图字：30-2017-130

TITLE：[arikoの食卓]

BY：[ariko]

ariko DE SHITIE

ariko的食帖

策划制作：北京书锦缘咨询有限公司（www.booklink.com.cn）

总 策 划：陈　庆

策　　划：肖文静

作　　者：[日] 有子

译　　者：王婷婷

责任编辑：雷珊珊

排版设计：柯秀翠

出版发行：南海出版公司 电话：（0898）66568511（出版）（0898）65350227（发行）

社　　址：海南省海口市海秀中路51号星华大厦五楼 邮编：570206

电子信箱：nhpublishing@163.com

经　　销：新华书店

印　　刷：北京利丰雅高长城印刷有限公司

开　　本：889毫米×1194毫米　1/32

印　　张：5

字　　数：90千

版　　次：2018年1月第1版　　2018年1月第1次印刷

书　　号：ISBN 978-7-5442-5851-7

定　　价：45.00元